国家中等职业教育改革发展示范学校建设教材

国家中等职业教育改革发展示范学校酒店服务与管理专业
课程改革创新系列教材

鸡尾酒实操

JI WEI JIU SHI CAO

主　编 ◎　蒋　鑫　　王永红　　李玲玲

副主编 ◎　田　胤　　陈凌燕

参　编 ◎　陈莉娟　　徐　瑶　张韩梅　舒　兰
　　　　　　朱胜瑛　　刘　丽　杨　洪　罗　辉
　　　　　　董玲瑜

西南交通大学出版社
·成都·

图书在版编目（ＣＩＰ）数据

鸡尾酒实操／蒋鑫，王永红，李玲玲主编. —成都：
西南交通大学出版社，2015.7
国家中等职业教育改革发展示范学校建设教材
ISBN 978-7-5643-3843-5

Ⅰ.①鸡… Ⅱ.①蒋… ②王… ③李… Ⅲ.①鸡尾酒
–调制技术–中等专业学校–教材 Ⅳ.①TS972.19

中国版本图书馆 CIP 数据核字（2015）第 067017 号

国家中等职业教育改革发展示范学校建设教材

鸡尾酒实操

主编 蒋鑫 王永红 李玲玲

责 任 编 辑	周 杨	
封 面 设 计	严春艳	
出 版 发 行	西南交通大学出版社 （四川省成都市金牛区交大路 146 号）	
发 行 部 电 话	028-87600564　028-87600533	
邮 政 编 码	610031	
网　　　　址	http://www.xnjdcbs.com	
印　　　　刷	四川省印刷制版中心有限公司	
成 品 尺 寸	185 mm × 260 mm	
印　　　　张	6.5	
字　　　　数	153 千	
版　　　　次	2015 年 7 月第 1 版	
印　　　　次	2015 年 7 月第 1 次	
书　　　　号	ISBN 978-7-5643-3843-5	
定　　　　价	28.50 元	

课件咨询电话：028-87600533
图书如有印装质量问题　本社负责退换

"国家中等职业教育改革发展示范学校建设教材"

编写委员会

总顾问

陈克生

主任委员

梁 英

副主任委员

葛惠伟　韦昔奇　张社昌

田 胤　雷 清　张 巍

委 员

（以姓氏笔画为序）

张 岚　陈书伟　陈 君　陈莉娟

陈坤浩　杨泉波　罗 辉　赵品洁

梁瑞君　陶俪蓓　唐 博

本书编委会

主　任

陈克生

副主任

梁　英　葛惠伟

委　员

（以姓氏笔画为序）

王永红　田　胤　刘　丽　朱胜瑛

张韩梅　李玲玲　杨　洪　陈凌燕

陈莉娟　罗　辉　徐　瑶　舒　兰

董玲瑜　蒋　鑫

前 言

为适应现代调酒职业教育的需求，充分体现"以能力为本位、以学生为主体、以实践为导向"的职业教育教学宗旨，我们按照"任务引领、实践导向"的课改理念设计教学内容，循序渐进地介绍了调酒师需要掌握的基础理论知识；按调酒师成长过程，采取递进式的方法，逐一安排相应的实训内容；用图片的形式将调酒操作流程详细展示出来，充分体现在"做"中"学"的教学思想，具有较强的实用性和适用性。

本书以"知识、能力、态度"三项内容为轴心贯穿全程，根据岗位任务与工作过程设置了调酒基础知识、鸡尾酒实操训练两大单元，共有10项任务、30多项分解活动。每一个单元中分别设置了由浅入深、由易到难的相关任务；每一个任务通过工作情景、具体工作描述、知识链接等环节来激发学习者的兴趣，充实其知识内涵，以培养学生动手实操能力，拓展提升其知识面，使其初具创新意识；并通过任务单、任务评价的形式完成对其所学内容掌握程度的检测。

本书以培养高星级酒店调酒师的职业能力为核心，以项目为载体，以任务为驱动，以能力为本位，以学生为主体，突出学生能力素质的培养。尽可能把理论性强的知识点简易化、通俗化，以图文并茂的形式代替枯燥无味的、复杂的文字叙述。

本书既可作为职业院校高星级酒店管理、旅游管理及相关专业的教材，也可作为调酒师培训学校的培训教材和调酒爱好者的自学用书。

由于编者水平有限，书中疏漏之处在所难免，编者期盼在今后的教学实践中能有更大的改进和提高，恳请专家同行不吝赐教，以便修订，日臻完善。

编 者

2014 年 12 月

目　录

第一篇　调酒基础知识

第二篇　鸡尾酒实操训练

第一篇　调酒基础知识

第一章 调酒师与鸡尾酒介绍

【工作场景】

华灯初上，酒吧里，只见时髦而前卫的人士穿着优雅的职业装，在动感十足的音乐声中，以其高超而娴熟的调酒技术吸引了无数喜爱夜生活的现代人，沉醉其中，乐此不疲。他们究竟是何方神圣？创作出的东西竟有如此大的魅力呢？让我们一起走进他们的世界看看吧！

【具体工作任务】

（1）掌握调酒师定义；

（2）了解一名优秀调酒师的必备素质；

（3）了解鸡尾酒的由来与发展；

（4）掌握鸡尾酒的定义。

第一节 了解调酒师

调酒师究竟是一群什么人？他们每天从事的工作内容是什么？如何才能成为一名优秀的调酒师？下面就让我们一起走进他们的生活吧。

知识链接一 调酒师

调酒师，英语称为 Bartender 或 Barman，意思是指在酒吧或餐厅专门从事酒水配置和酒水销售的人。

知识链接二 调酒师的工作任务

调酒师每日工作任务包括：酒吧清洁、酒吧摆设、调酒酒水、酒水补充、应酬客人、日常管理等。

知识链接三 调酒师的职业素质要求

一、基本素质

调酒师的基本素质主要包括：外形、服饰、仪表、风度等。要求：容貌端正、举止大方；端庄稳重，不卑不亢；态度和蔼，待人诚恳；服饰庄重，整洁挺阔；打扮得体，淡妆素抹；训练有素，言行恰当。

二、专业素质

调酒师的专业素质是指调酒师的服务意识、专业知识及专业技能。

1. 服务意识

（1）角色意识。调酒师的角色意识主要体现在执行酒吧的规章制度、履行岗位职责、行使代表酒吧的角色。调酒师的一举一动、一言一行、仪容、仪表、服务程序、服务态度等方面都会影响酒吧的声誉。

（2）宾客服务意识。调酒师必须意识到宾客对酒吧的重要性，"顾客就是上帝"是调酒师服务工作的出发点，任何时候、任何场合都要为客人着想。调酒师的宾客服务意识是高度的从事服务自觉性的表现。调酒师应预测并及时调解客人遇到的问题，按规范化服务程序解决发生的问题，遇到特殊情况时，尽可能提供专门服务、超常服务，以满足客人的特殊需求。

2. 专业知识

作为一名调酒师，必须具备一定的专业知识，才能更准确、完善地服务于客人。一般来讲，调酒师应掌握的专业知识包括：

（1）酒水知识。调酒师的工作离不开酒，对酒品的掌握程度直接决定工作的开展。作为一名调酒师，要掌握各种酒的产地、物理特点、口感特征、制作工艺、品茗及饮用方法，并能够鉴定出酒的质量、年份等。

（2）原料储藏保管知识。了解原料的特性以及酒吧原料的领用、保管、使用、储藏知识。

（3）设备、用具、酒具知识。掌握酒吧常用设备的使用要求、操作过程及保养方法，以及用具的使用、保管知识。掌握酒杯的种类、形状及使用要求、保管知识。

（4）酒谱、酒单知识。熟练掌握酒谱上每一种原料的用量标准、配制方法、用杯及调配程序。掌握酒单的结构、所用酒水的品种、类别以及酒单上酒水的调制方法、服务标准。

（5）酒水的定价原则和方法。根据行业标准和市场规则合理定价，保证酒吧企业适当盈利。

（6）习俗知识。掌握主要客源国和我国不同地区的饮食习俗、宗教信仰和习惯。不同地方的客人有不同的饮食风俗、宗教信仰和习惯，要能够恰当推荐和调制满足客人要求的酒水。

（7）英语知识。鸡尾酒的原料大多是洋酒，要掌握酒吧饮料的英文名称、产地的英文名称，以及酒吧服务常用英语、酒吧术语。同时应具备一定的外语交流能力，能用英文说明饮料的特点。

（8）营养卫生知识。了解饮料的营养结构、酒水与食物的搭配以及饮料操作的卫生要求。

（9）安全防火知识。掌握安全操作规程，注意灭火器的使用范围及要领，掌握安全自救方法。

3. 专业技能

调酒师娴熟的专业技能不仅可以节省时间，使客人增加信任感和安全感，而且是一种无声的广告。熟练的操作技能是快速服务的前提，专业技能的提高需要通过专业训练和自我锻炼来完成。

（1）设备、用具的操作使用技能。正确地使用设备和用具，掌握操作程序，不仅可以延长设备、用具的使用寿命，也是提高服务效率的保证。

（2）酒具的清洗操作技能。掌握酒具的冲洗、清洁、消毒方法。

（3）装饰物制作及准备技能。掌握装饰物的切分形状、薄厚及造型等。

（4）调酒技能。掌握调酒的动作、姿势等方法以保证酒水的质量和口味的一致。调酒师除了调酒工作外，还应主动做好酒吧的卫生工作，例如清洁冰柜、清理工作台等。

（5）沟通技巧。善于发挥信息传递渠道的作用，进行准确、迅速的沟通。同时提高自己的口头和书面表达能力，善于与客人沟通和谈判。

（6）经营能力。调酒师必须具备高中以上的文化水平，有较强的经营意识和数学概念，能够正确计算价格、成本和盈利，填写各种表格及书写工作报告等。

（7）解决问题的能力。善于在错综复杂的矛盾中抓住主要矛盾，对紧急事件及宾客投诉有一定的处理能力。

（8）自我表现能力。调酒师直接与客人打交道，调酒如同艺术表演，无论调酒动作还是调酒技巧都会给客人留下深刻印象，所以应做到轻松、自然、潇洒、操作准确熟练。

【任务单】　了解调酒师

知识检测

（1）何为调酒师？

（2）调酒师的主要任务有哪些？

（3）如何成为一名优秀的调酒师？

第二节　认识鸡尾酒

色泽艳丽、承载精美、口感俱佳的鸡尾酒究竟是一种什么样的酒？又是何时、何地产生的？关于鸡尾酒的由来，到目前为止人们还无法找出其来源，但有许多美丽传说。据大部分史料记载，鸡尾酒起源于美洲，时间大约是十八世纪末或十九世纪初。究竟何时开始调配和饮用这类色、香、味俱佳的混合饮料以及"鸡尾酒"名称的由来众说纷纭，下面就让我们一起走进神秘的鸡尾酒世界吧！

知识链接一　美丽的鸡尾酒传说

下面我们选录几则传说向大家介绍一下。

（1）最浪漫的传说：19世纪，美国人克里福德在哈德逊河边经营一间酒店。他有三件引以为自豪的事情，人称克氏三绝：一是他有一只孔武有力、气宇轩昂的大公鸡，是斗鸡场上的好手；二是他的酒库据说拥有世界上最优良的美酒；三是他的女儿艾恩米莉，是镇上的一名绝色佳人。镇里有个叫阿普鲁恩的年轻人，是一名船员，每晚都来酒店闲坐一会儿，日久天长，他和艾恩米莉坠入爱河。这小伙子性情好，工作又踏实，老头子打心眼里喜欢他，但老是作弄他说："小伙子，你想吃天鹅肉？给你个条件吧，赶快努力当个船长！"小伙子很有恒心，几年后，果真当上了船长并和艾恩米莉举行了婚礼。老头子比谁都快乐，他从酒窖里把最好的陈年佳酿全部拿出来，调成绝代美酒，在杯边饰以雄鸡尾，美艳之极。然后为他绝色的女儿和顶呱呱的女婿干杯，"鸡尾万岁！"从此鸡尾酒大行其道。

（2）因误会而成的传说：在国际酒吧者协会（IBA）的正式教科书中介绍了如下的说法：很久以前，英国船只开进了墨西哥的尤卡里半岛的坎佩切港，经过长期海上颠簸的水手们找到了一间酒吧，喝酒、休息以解除疲劳。酒吧台中，一位少年酒保正用一根漂亮的鸡尾形无皮树枝搅着一种混合饮料。水手们好奇地问酒保混合饮料的名字，酒保误以为对方是在问他树枝的名称，于是答道，"考拉德·嘎窖"。这在西班牙语中是公鸡尾的意思。这样一来，"公鸡尾"就成了混合饮料的总称。

（3）以贵族命名的传说："鸡尾酒"一词来自1519年左右，住在墨西哥高原地带或新墨西哥、中美等地统治墨西哥人的阿兹特尔克族的土语，在这个民族中，有位曾经拥有过统治权的阿兹特尔克贵族，他让爱女 Xochitl 将亲自配制的珍贵混合酒奉送给当时的国王，国王品尝后备加赞赏。于是，将此酒以那位贵族女儿的名字命名为 Xochitl，之后逐渐演变成为今天的 Cocktail（本传说载于《纽约世界》杂志，它对后来有关鸡尾酒语源的探讨起着有利的佐证作用）。

（4）最刺激的传说：根据美国小说家柯柏的传述，鸡尾酒源自美国独立战争末期，有一个移民美国的爱尔兰少女名叫蓓丝，在约克镇附近开了一家客栈，兼营酒吧生意。1779年，美法联军官兵到客栈集会，品尝蓓丝发明的一种名唤"臂章"的饮料，饮后可以提神解乏、养精蓄锐、鼓舞士气，所以深受欢迎。只不过，蓓丝的邻居是一个专擅养鸡的保守派人士，敌视美法联军。尽管他所饲养的鸡肥美无比，却不被爱国人士一顾。军士们还嘲笑蓓丝与其为邻、讥谑她是"最美丽的小母鸡"。蓓丝对此耿耿于怀，趁夜黑风高之际，将邻居饲养的鸡全宰了，烹制成"全鸡大餐"招待那些军士们。不仅如此，蓓丝还将拔掉的鸡毛用来装饰供饮的"臂章"，更引得军士们兴奋无比，一位法国军官激动地举杯高喊，"鸡尾万岁!"从此，凡是蓓丝调制的酒都被称为鸡尾酒。于是鸡尾酒一词就风行不衰了。

（5）来自红楼梦的传说（中华鸡尾酒的源流）：我国名著《红楼梦》中记载了调制混合酒——"合欢酒"的操作过程："琼浆满泛玻璃盏，玉液浓斟琥珀杯。"用酒"乃以百花之蕊、万木之英，加以麟髓之旨、凤乳之曲"。这说明我国很早就有了鸡尾酒的雏形，只是当时没有很快地流行发展起来。

总之，究竟谁是谁非并不重要，事实上，鸡尾酒本身已根深蒂固地成为人们喜爱的饮料了。

知识链接二　鸡尾酒的由来与发展

一、鸡尾酒的来历

鸡尾酒起源于美洲，时间大约是18世纪末或19世纪初。关于它的来历有这样几种说法：

1. 源自古埃及的饮料

在酒里添加其他材料以增加美味的习惯，从纪元前的古埃及、罗马时代就已经开始。但真正出现"Cocktail"这个名称则迟至18世纪。1748年，英国出版 The Square Recipe 一书，书中的"Cocktail"专指混合饮料。1855年，沙卡烈所著的 Newcomes，则出现白兰地鸡尾酒一词，此时鸡尾酒已相当普及。

2. 禁酒令反成催生剂

19世纪发明制冰机以后，马上有人将冰块应用在调酒上，于是冰凉美味的现代鸡尾酒立刻向全世界扩展，但确切年代不详。一说发源自20世纪初的美国，1920年，美国颁布禁酒令，反而成为鸡尾酒催生剂，当时好酒之徒纷纷在酒中掺加果汁以掩饰酒味，从此各式各样的酒应运而生。

二、鸡尾酒发展趋势

经过200多年发展，现代鸡尾酒已不再是若干种酒及乙醇饮料的简单混合物。虽然种类繁多、配方各异，但都是由调酒师精心设计的佳作，其色、香、味兼备，盛载考究，装饰华丽，除圆润、协调的味觉外，闻香更具享受、快慰之感。甚至其独特的载杯造型，简洁妥帖的装饰点缀，无一不充满诗情画意。总观鸡尾酒的性状，现代鸡尾酒应有如下特点：

（1）鸡尾酒由两种或两种以上的非水饮料调和而成，其中至少有一种为酒精性饮料。如柠檬水、中国调香白酒等便不属于鸡尾酒。

（2）花样繁多，调法各异。用于调酒的原料有很多类型，各种酒所用的配料种数也不相同，如两种、三种甚至五种以上。就算以流行的配料种类确定的鸡尾酒，各配料在分量上也会因地域不同、人的口味各异而有较大变化，从而冠用新的名称。

（3）具有刺激性口味的鸡尾酒能使饮用者兴奋，因此具有一定的酒精浓度。适当的酒精度能使饮用者紧张的神经得以缓和、肌肉放松等。

（4）能够增进食欲。鸡尾酒应是增进食欲的滋润剂。饮用后，由于酒中含有微量调味饮料，如酸味、苦味等饮料的作用，饮用者的口味应有所改善，绝不能因此而倒胃口、厌食。

（5）口味优于单体组分。鸡尾酒必须有卓越的口味，而且这种口味应该优于单体组分。品尝鸡尾酒时，舌头的味蕾应该充分扩张，才能尝到刺激的味道。如果过甜、过苦或过香，就会影响品尝风味的能力，降低酒的品质，是调酒所不能允许的。

（6）冷饮性质鸡尾酒需足够冷冻。如朗姆类混合酒，以沸水调配，自然不属于典型的鸡尾酒。当然，也有些酒种既不用热水调配，也不强调加冰冷冻，但其某些配料是处于室温状态的，这类混合酒也应属于广义的鸡尾酒的范畴。

（7）色泽优美的鸡尾酒应具有细致、优雅、匀称、均一的色调。常规的鸡尾酒有澄清透明的或浑浊的两种类型。澄清型鸡尾酒应该是色泽透明的，除极少量因鲜果带入的固形物外，没有其他任何沉淀物。

（8）盛载考究。鸡尾酒应由式样新颖大方、颜色协调得体、容积大小适当的载杯盛载。装饰品虽非必须，但它们对于酒，犹如锦上添花，使之更有魅力。况且，某些装饰品本身也是调味料。按饮用时间和场合可分为餐前鸡尾酒、餐后鸡尾酒、晚餐鸡尾酒、睡前鸡尾酒和派对鸡尾酒等。

① 餐前鸡尾酒。餐前鸡尾酒又称为餐前开胃鸡尾酒，主要是在餐前饮用，起生津开胃之作用。这类鸡尾酒通常含糖分较少，口味或酸或干烈，即使是甜型餐前鸡尾酒，口味也不是十分甜腻。常见的餐前鸡尾酒有马提尼、曼哈顿、各类酸酒等。

② 餐后鸡尾酒。餐后鸡尾酒是餐后佐助甜品、帮助消化的，因而口味较甜，且酒中使用较多的利口酒，尤其是香草类利口酒，这类利口酒中掺了诸多药材，饮后能化解食物於结、促进消化，常见的餐后鸡尾酒有 B&B、史丁格、亚历山大等。

图 1-1　餐前鸡尾酒

图 1-2　餐后鸡尾酒

③ 晚餐鸡尾酒。晚餐鸡尾酒是晚餐时佐餐用的鸡尾酒，一般口味较辣，酒品色泽鲜艳，且非常注重酒品与菜肴口味的搭配，有些可以作为头盆、汤等的替代品，在一些较正规和高雅的用餐场合，通常以葡萄酒佐餐，而较少用鸡尾酒佐餐。

④ 派对鸡尾酒。这是在一些聚会场合使用的鸡尾酒品，其特点是非常注重酒品的口味和色彩搭配，酒精含量一般较低。派对鸡尾酒既可以满足人们交际的需要，又可以烘托各种派对的气氛，很受年轻人的喜爱。常见的酒有特基拉日出、自由古巴、马颈等。

⑤ 夏日鸡尾酒。这类鸡尾酒清凉爽口，具有生津解渴之作用，尤其是在热带地区或盛夏酷暑时饮用，味美怡神，香醇可口，常见的有冷饮类酒品、柯林类酒品、庄园宾治、长岛冰茶等。

图 1-3　晚餐鸡尾酒

图 1-4　派对鸡尾酒

图 1-5　夏日鸡尾酒

知识链接三　关于鸡尾酒的定义

多少年来人们一直想给鸡尾酒一个定义，但给出一个全面而又准确的定义似乎不是件容易的事情。鸡尾酒究竟是一种什么酒？

定义一：鸡尾酒是英文 Cocktail 的意译，是一种以酒掺和果汁、苦精、糖、蛋清、冰、牛奶、苏打水等调制而成的混合酒。因为颜色极其考究，色、香、味兼备，故也称为艺术酒。

定义二：是用基本成分（烈酒）、添加成分（利口酒和其他饮料）、香料、添色剂及特别调味品，按一定分量配制而成的一种混合饮品。

定义三：韦氏辞典的解释为："鸡尾酒是一种量少而冰镇的酒，它是以朗姆酒、威士忌、其他烈酒或葡萄酒为基酒，再配以其他材料如果汁、蛋、苦精、糖等，以搅拌或摇动法调制而成 ，最后再饰以柠檬片或薄荷叶等。"

【任务单】　认识鸡尾酒

知识检测

（1）什么酒被称为鸡尾酒？

（2）通过这部分知识学习，同学们大致对鸡尾酒有所了解 ，那么你知道鸡尾酒给人们的生活带来了怎样的改变吗？

【任务评价】

表 1-1　任务评价单

评价项目	具体要求	评价			
		A	B	C	建　议
了解调酒师	1. 知识检测（1） 2. 知识检测（2） 3. 知识检测（3）				
认识鸡尾酒	1. 知识检测（1） 2. 知识检测（2） 3. 知识检测（3）				
学生自我评价	1. 基础概念掌握 2. 知识面的拓展 3. 积极参与 4. 协作意识				
小组活动评价	1. 团队合作良好 2. 互相帮助 3. 对团队工作有贡献 4. 对团队工作满意				
总　　计					
我的收获					
我的不足					
改进方法和措施					

第二章　调酒设备及器具介绍

【工作场景】

　　一名合格的调酒师首先必须要能正确地使用酒吧内设备、用具、器皿等，因此，了解常用调酒设备及器具使用是十分重要的.正所谓"工欲善其事，必先利其器"，下面就让我们近距离观赏了解这些"利器".

【具体工作任务】

　　（1）了解酒吧常见设备；

　　（2）熟悉酒吧设备及器皿的主要用途；

　　（3）熟悉常见调酒器皿；

　　（4）掌握调酒器具的中英文名称.

第一节　调酒设备认知

　　为了安全、卫生、正确地使用各种酒吧设备，保证工作顺利开展，调酒师必须对常用设备设施了然于胸.下面就让我们来认识酒吧常备的设备设施.

　　知识链接　酒吧设备

表 2-1　酒吧设备

设备名称	设备用途	参考图片（插图）
冰箱	冰箱是酒吧中用于冷冻酒水饮料、保存适量酒品和其他调酒用品的设备，大小型号可根据酒吧规模、环境等条件选用。柜内温度要求保持在 4～8℃ 冰箱内部分层、分隔以便存放不同种类的酒品和调酒用品.通常白葡萄酒、香槟、玫瑰红葡萄酒、啤酒需放入柜中冷藏	
制冰机（ice cube machine）	制冰机是酒吧常用的设备，有不同的尺寸和类型。制出的冰块形状可分为正方体、圆体、扁圆体和长方体及较小的颗粒。酒吧可以根据自己的需要选用制冰机	

续表

设备名称	设备用途	参考图片（插图）
生啤机 （draught machine）	生啤机属于急冷型设备。整桶的生啤酒无需冷藏，只要将桶装的生啤酒连接在该设施后，输出的便是冷藏的生啤酒，泡沫厚度可根据需要控制	
碎冰机 （crushedice machine）	酒吧中因调酒需要许多碎冰，碎冰机也是一种制冰机，但制出来的冰为碎粒状	
立式冷柜 （wine cooler）	立式冷柜用来专业存放香槟和白葡萄酒。其全部材料是木制的，里面分成横竖成行的格子，香槟及白葡萄酒横插入格子存放。温度保持 4～8 ℃	
洗杯机 （washing machine）	洗杯机中有自动喷射装置和高温蒸气管。较大的洗杯机可放入整盘的杯子进行清洗。一般将酒杯放入杯筛中再送进洗杯机里，调好程序按下电钮即可清洗。有些较先进的洗杯机还有自动输入清洁剂和催干剂装置。洗杯机有许多种类，型号各异，可根据需要选用，如一种较小型的旋转式洗杯机，每次只能洗一个杯子，一般装在酒吧台的边上。在许多酒吧中因资金和地方限制，还得用手工清洗。手工清洗需要有清洗槽盘	
电动搅拌机 （blender）	某些鸡尾酒需要小型电动搅拌机将冰块和水果等原料搅碎，并混合成一个整体.因此，多功能的电动搅拌机是酒吧中必要的设备	

设备名称	设备用途	参考图片（插图）
果汁机 （juice machine）	果汁机有多种型号，主要作用有两个：一是冷冻果汁；二是自动稀释果汁（浓缩果汁放入后可自动与水混合）	
榨汁机 （juice squeezer）	榨汁机用于榨鲜橙汁或柠檬汁	
奶昔搅拌机 （blendermilk shaker）	奶昔搅拌机用于搅拌奶昔（一种用鲜牛奶加冰淇淋搅拌而成的饮料）	
咖啡机 （coffee machine）	咖啡机用于煮咖啡，有许多型号	
咖啡保温炉 （coffee warmer）	可将煮好的咖啡装入大容器放在咖啡保温炉上保持温度	

续表

设备名称	设备用途	参考图片（插图）
洗涤、沥水槽	洗涤、沥水槽用于洗涤杯具及器皿	
苏打水自制机	苏打水自制机用于酒吧自制苏打水	

【任务单】 掌握酒吧设施设备

请参考所学知识，在表2-2中填写各设备的用途。

表2-2 酒吧设施设备考核表

	设备名称	
	用途	
	设备名称	
	用途	
	设备名称	
	用途	

	设备名称	
	用途	
	设备名称	
	用途	
	设备名称	
	用途	
	设备名称	
	用途	
	设备名称	
	用途	

	设备名称	
	用途	
	设备名称	
	用途	

第二节　调制鸡尾酒的器具认知

调酒师犹如魔术师一般，在表演之前，一定要准备好各种道具，否则很难呈现精彩的瞬间。那么，调酒师要调出一杯色、香、味俱佳的鸡尾酒，需要准备哪些器具呢？

知识链接一　常用调酒器具

表 2-3　调酒器具

器具名称	使用说明	参考图片
标型调酒壶（Shaker）	标型调酒壶用来调不易混合均匀的鸡尾酒材料。另一种标型摇酒器则为三件式，除下座，间尚有隔冰器，再加一上盖，用时一定要先盖隔冰器，再加上盖，以免液体外溢。	
波士顿调酒壶（Boston Shaker）	波士顿调酒壶用来调不易混合均匀的鸡尾酒材料，为两件式，下方为玻璃摇酒杯，上方为不锈钢上座，使用时两座一合即可	

续表

器具名称	使用说明	参考图片
量酒器 （DoubleJigge）	一个只头的量酒器，两头容量为11/2盘司和1盘司者，最为普遍常用	
吧匙 （Bar Spoon）	吧匙分大、小两种，用于调制鸡尾酒或混合饮料	
滤冰器 （Strainer）	调酒时滤冰器用于过滤冰块	
搅拌棒 （Muddler）	搅拌棒有多种样式，大的通常搭配调酒杯使用；小一点的给饮用者使用，兼具装饰作用。棒的一端为球根状，是用来捣碎饮料中的糖与薄荷	
冰夹 （Ice Tong）	冰夹用于夹冰块	
酒嘴 （Pour Spot）	酒嘴用于倒酒，以控制倒酒量	
冰桶 （Ice Bucket）	用冰桶盛冰可减缓冰块融化的速度	

续表

器具名称	使用说明	参考图片
冰铲 （Scoop）	冰铲用来盛碎冰或裂冰	
冰锥 （Ice Picr）	冰锥是用来敲打冰块的工具	
砧板 （chopping block）	砧板用于切水果等装饰物	
吸管 （Straw）	吸管是客人喝饮料时用的	
酒签 Spares（CocrtailPin）	酒签主要用来插樱桃、橄榄，点缀鸡尾酒，显得精致小巧	
开瓶器 （CorRscrew）	开瓶器用于开启葡萄酒。通常带有锋利的小刀，以便顺利割开酒的铅封；螺旋起的部分长短粗细适中是重要考量	

知识链接二　鸡尾酒常用载杯认知

表 2-4　常见鸡尾酒杯

杯具名称	用途特点	参考图片
鸡尾酒杯 （cocktail glass）	鸡尾酒杯容量规格为 98 毫升，调制鸡尾酒以及喝鸡尾酒时使用	
高杯 （highball glass）	高杯容量规格一般为 224 毫升，用于特定的鸡尾酒或混合饮料，有时果汁也用高杯	
柯林杯 （collins）	柯林杯容量规格一般为 280 毫升，用于各种烈酒加汽水等软饮料、各类汽水、矿泉水和一些特定的鸡尾酒（如各种长饮）	
古典杯 （old fashioned or rock glass）	古典杯其容量规格一般为 224～280 毫升，大多用于喝加冰块的酒和净饮威士忌酒，有些鸡尾酒也使用这种酒杯	
果汁杯 （juice glass）	果汁杯容量规格一般为 168 毫升，喝各种果汁时使用	

续表

杯具名称	用途特点	参考图片
白兰地杯 （brandy snifter）	白兰地杯容量规格为 224～336 毫升，净饮白兰地酒时使用	
郁金香型香槟杯 （champagne tulip）	郁金香型香槟杯容量规格为 126 毫升，只用于喝香槟酒	
餐后甜酒杯 （iqueur glas）	餐后甜酒杯容量规格为 35 毫升，用于喝各种餐后甜酒、鸡尾酒、天使之吻鸡尾酒等	
酸酒杯 （whisky sour）	酸酒杯容量规格为 112 毫升，喝酸威士忌鸡尾酒时使用	
爱尔兰咖啡杯 （Irish coffee）	爱尔兰咖啡杯容量规格为 210 毫升，喝爱尔兰咖啡时使用	

杯具名称	用途特点	参考图片
烈酒杯 （shot glass）	烈酒杯其容量规格一般为56毫升，用于各种烈性酒。只限于在净饮（不加冰）的时候使用（喝白兰地除外）	
啤酒杯 （pilsner）	啤酒杯容量规格为280毫升，餐厅里喝啤酒用。在酒吧中，女士们常用这种杯喝啤酒	
浅碟型香槟杯 （champagne saucer）	浅碟型香槟杯容量规格一般为126毫升，用于喝香槟和某些鸡尾酒	

【任务单】 酒吧常用器具

（1）请根据表2-5中图片写出酒吧常用器具名称及用途。

图2-5 酒吧常用器具名称及用途考核表

	名称	
	用途	
	名称	
	用途	

	名 称	
	用 途	
	名 称	
	用 途	
	名 称	
	用 途	
	名 称	
	用 途	
	名 称	
	用 途	
	名 称	
	用 途	
	名 称	
	用 途	
	名 称	
	用 途	

（2）写出表 2-6 中常见鸡尾酒杯名称及特点。

表 2-6　常见鸡尾酒名称及特点考核表

	名称	
	特点	
	名称	
	特点	
	名称	
	特点	
	名称	
	特点	
	名称	
	特点	
	名称	
	特点	

续表

	名称	
	特点	
	名称	
	特点	
	名称	
	特点	
	名称	
	特点	

【任务评价】

表 2-7　任务评价单

评价项目	具体要求	评价			
		A	B	C	建　议
酒吧设备及器具介绍	1. 调酒设备识别 2. 调酒器具识别 3. 常用鸡尾酒杯识别				
学生自我评价	1. 器具准备 2. 服务手法 3. 积极参与 4. 协作意识				

续表

评价项目	具体要求	评　价			
		A	B	C	建　议
小组活动评价	1. 团队合作良好 2. 互相帮助 3. 对团队工作有贡献 4. 对团队工作满意				
总　计					
我的收获					
我的不足					
改进方法和措施					

第三章　调制鸡尾酒的原料

【工作场景】

鸡尾酒主要是以烈性酒作为基酒，辅助以调缓料，调香、调色、调味料等调配而成，并饰以装饰物。因此，一般认为，鸡尾酒的基本构成为基酒、辅料、装饰物三个部分。

中国有句俗语叫"巧妇难为无米之炊"，调酒师也一样，要创作出一杯色、香、味俱全的鸡尾酒，离不开各式各样的原材料。让我们一起来剖析鸡尾酒的基础结构，了解鸡尾酒的原料世界。

【具体工作任务】

（1）了解鸡尾酒的基本结构；

（2）掌握基酒、辅料、装饰物等基础概念；

（3）熟悉调酒常用基酒；

（4）熟悉调酒用辅料

（5）熟悉调酒常用装饰物。

第一节　认识基酒

知识链接一　基酒的定义

基酒又称为鸡尾酒的酒底、酒基，是构成鸡尾酒的主体，决定了鸡尾酒的酒品特色，也是鸡尾酒酒精含量的主要来源。基酒以烈性酒为主，如金酒、威士忌、朗姆酒、伏特加、白兰地和特吉拉等蒸馏酒，也有少量鸡尾酒是以葡萄酒或利口酒为基酒的。基酒决定了一款鸡尾酒的主要风味，所以其含量不应少于一杯鸡尾酒总容量的三分之一。

知识链接二　常用基酒介绍

1. 金酒

金酒又名杜松子酒，最先由荷兰生产，在英国大量生产后闻名于世，是世界第一大类的烈酒。荷兰金酒是以大麦芽与裸麦等为原料，经发酵后蒸馏三次获得谷物原酒，然后加入杜松子香料再蒸馏，最后将精馏而得的酒贮存于玻璃槽中待其成熟，包装时稀释至酒度40°左右。荷兰金酒色泽透明清亮，香味突出，风格独特，适宜于单饮，不宜作鸡尾酒的基酒。英国金酒的生产过程比荷兰金酒简单，它用食用酒精和杜松子以及其他香料共同蒸馏而得。金酒酒液无色透明，气味奇异清香，口感醇美爽适，既可单饮，也可与其他酒混合配制或作鸡尾酒的基酒,故有人称金酒为鸡尾酒的心

图 3-1　金酒

脏。金酒按口味风格又可分为辣味金酒、老汤姆金酒和果味金酒。

2. 威士忌（Whisky）

威士忌分为苏格兰威士忌、爱尔兰威士忌、加拿大威士忌和美国威士忌等几种，都是以国家或产地命名。

（1）苏格兰威士忌：用一种特殊的泥炭（Peat）熏过的大麦麦芽做原料，经过发酵、蒸馏成一种不掺杂其他原料的、酒度很高的麦芽威士忌，然后同酒性温和的玉米威士忌混合，成为具有温和风味的苏格兰兑和威士忌。不同其他威士忌混合的称为纯麦威士忌。

图 3-2　苏格兰威士忌　　　图 3-3　爱尔兰威士忌

（2）爱尔兰威士忌：爱尔兰相传在 1770 年就开始酿制威士忌，主要原料有大麦、燕麦、小麦和黑麦。大麦占 80%，经三次蒸馏，入桶陈化 8～15 年，入瓶时兑和玉米威士忌要掺水。风格同苏格兰威士忌接近，最明显的是没有烟熏的焦味，口味柔和，适合做混合酒和其他饮料混合饮用。爱尔兰威士忌的酒度在 40°左右。

（3）加拿大威士忌：加拿大开始生产威士忌是在 18 世纪中叶，那时只生产稞麦威士忌，酒性强烈。19 世纪以后，加拿大从英国引进连续式蒸馏器，开始生产由大量玉米制成的威士忌，口味较清淡。20 世纪后，美国实施禁酒令，加拿大威士忌蓬勃发展。加拿大威士忌以玉米和黑麦为原料，用两次蒸馏法，在木桶中陈化 4～10 年，出售前兑和其他加味威士忌（Flavoring Whisky）。酒厂技师用嗅觉和味觉来决定配方。这种威士忌口味最清淡。

图 3-4　加拿大

（4）美国威士忌：美国威士忌在商业习惯上拼成 Whiskey，但其法律用语是 Whisky。美国威士忌的原料是玉米、大麦，玉米占 51%，最多不超过 75%，经过发酵蒸馏后在木桶内要陈化 2～4 年，不能超过 8 年，装瓶时兑入蒸馏水使酒度达到 43.5°。

3. 白兰地（BRANDY）

凡是用葡萄以及各种水果为原料，经过发酵、蒸馏等过程酿造而成的酒，都统称为白兰地。它的制法就是把上述过程产生的材料放入

图 3-5　美国威士忌

木桶中，长年贮藏使其成熟，所以白兰地的前身其实就是白葡萄酒，而白葡萄酒以法国产的最好，自然法国的白兰地也是最好的。据说在 16 世纪或许更早的时候，当白兰地交易刚刚开始时，用于香水生产的蒸馏技术还没有利用到葡萄酒上。那时在法国 CHARENTE 河的码头

LA ROCHELLE 与荷兰在酒的交易方面很旺盛，这种生意都是由海运实现的。但是因为战争，危险性很大，损失当然是常有的事。整箱的葡萄酒占据船舱的空间很大，因此，某个聪明的荷兰商人想出了一个绝妙的方法，那就是把葡萄酒的水分去掉而浓缩成为酒精，这样运往荷兰时既不占空间，遇到战争时损失也不会太大，到达目的地后兑上水即成为原酒。但是当这位商人到达荷兰后，他的朋友们尝试了这种浓缩葡萄酒，觉得味道甘美，兑水以后反而味道不好，所以商人决定就这样当酒来卖。荷兰人称这种酒为"BRANDE WINE"，意思是可以燃烧的酒。

图 3-6　白兰地

4. 伏特加

伏特加语源于俄文的"生命之水"一词，当中"水"的发音为"Voda"。伏特回从约 14 世纪开始成为俄罗斯传统饮用的蒸馏酒。但在波兰，也有更早便饮用伏特加的记录。伏特加以谷物或马铃薯为原料，经过蒸馏制成高达 95°的酒精，再用蒸馏水淡化至 40°~60°，并经过活性炭过滤，使酒质更加晶莹澄澈，无色且清淡爽口，使人感到不甜、不苦、不涩，只有烈焰般的刺激，形成伏特加酒独具一格的特色。因此，在各种调制鸡尾酒的基酒之中，伏特加酒是最具有灵活性、适应性和变通性的一种酒。

俄罗斯是生产伏特加酒的主要国家，但在德国、芬兰、波兰、美国、日本等国也都能酿制优质的伏特加酒。特别是在第二次世界大战开始时，由于俄罗斯制造伏特加酒的技术传到了美国，使美国也一跃成为生产伏特加酒的大国之一。

图 3-7　伏特加

伏特加酒分两大类，一类是无色、无杂味的上等伏特加；另一类是加入各种香料的伏特加（Flavored Vodka）。伏特加的制法是将麦芽放入稞麦、大麦、小麦、玉米等谷物或马铃薯中，使其糖化后，再放入连续式蒸馏器中蒸馏，制出酒度在 75% 以上的蒸馏酒，再让蒸馏酒缓慢地通过白桦木炭层，制出来的成品是无色的，这种伏特加是所有酒类中最无杂味的。

5. 朗姆酒

朗姆酒主要产于加勒比海地区的西印度群岛一带，几乎所有西印度群岛国家都生产朗姆酒，所以看过电影《加勒比海盗》的朋友们只要稍加留意，就会发现海盗们最热衷的酒就是朗姆酒了。比较有名的朗姆酒品种有产自波多黎各的百加得，它是所有朗姆酒中最优秀的品种，尤其是白牌百加得。而这种朗姆酒瓶也是很多花式调酒师表演时喜欢选用的酒瓶。朗姆酒是用甘蔗榨汁，熬至黏稠，放入每分钟旋转 2 200 次的离心机，使糖结晶，并分离出酒精成分，糖蜜再经蒸馏得朗姆酒。

（1）朗姆酒按口味可分为三类：

① 淡朗姆酒：无色，味道精致，清淡，是鸡尾酒基酒和兑和其他饮料的原料。

② 中性朗姆酒：生产过程中，加水在糖蜜上使其发酵，然后仅取出浮在上面澄清的汁液蒸馏、陈化。出售前用淡朗姆或浓朗姆兑和至合适程度。

③ 浓朗姆酒：在生产过程中，先让糖蜜放置 2~3 天发酵，加

图 3-8　朗姆酒

入上次蒸馏留下的残渣或甘蔗渣，使其发酵，甚至要加入其他香料汁液，放在单式蒸馏器中，蒸馏出来后注入内侧烤过的橡木桶陈化数年。

（2）朗姆酒以颜色分类有三种，白朗姆酒、金朗姆酒、黑朗姆酒。

① 白朗姆酒：无色或淡色，又叫银朗姆酒（Silver Rum），制造时让经过入桶陈化的原酒，要经过活性炭过滤，除去杂味。

② 金朗姆酒（Golden Rum）：介于白朗姆酒和黑朗姆酒之间的酒液，通常用两种酒混合。

③ 黑朗姆酒（Dark Rum）：浓褐色，多产自牙买加，通常用于制点心，实际就是浓朗姆酒。

6. 龙舌兰（特其拉酒）Tequila

龙舌兰又称特其拉酒（Tequila），产于墨西哥，它的生产原料是一种叫作龙舌兰（类似芦荟）的珍贵植物，其属于仙人掌类，是一种怕寒的多肉花科植物，经过 10 年的栽培方能酿酒。特其拉酒的酒精含量大多为 35%～55%。我们通常能够见到的无色特其拉酒为非陈年特其拉酒。金黄色特其拉酒为短期陈酿，而在木桶中陈年 1～15 年的称为老特其拉酒。

图 3-9　龙舌兰

7. 利口酒（Liqueurs）

利口酒又称甜酒，是一种用烈酒、甜味糖浆和其他物质加味而得来的一种含酒精饮品。它首先是被埃及人制造出来的，后来僧侣们又将其制造过程进行了改良，并逐渐精于此道而成为了这个领域的专家。它的酒精含量为 15%～55%，主要生产国为法国、意大利、荷兰、德国、匈牙利、日本、英格兰、俄罗斯、爱尔兰、美国和丹麦。

图 3-10　利口酒

[任务单] 基酒识别

知识检测

（1）什么叫基酒？

（2）根据表 3-1 中给出的基酒图片写出对应的名称、特点。

表 3-1　基酒的名称及特点考核表

基酒图片	中英文名称	特点

基酒图片	中英文名称	特点

续表

基酒图片	中英文名称	特点

第二节　认识辅料

知识链接一　何谓辅料

辅料是鸡尾酒调缓料和调味、调香、调色料的总称。它们能与基酒充分混合，降低基酒的酒精含量，缓冲基酒强烈的刺激感。其中，调香、调色材料使鸡尾酒含有了色、香、味等俱佳的艺术化特征，从而使鸡尾酒的色彩瑰丽灿烂、风情万种。

知识链接二　鸡尾酒辅料的主要类别

1. 碳酸类饮料

包括雪碧、可乐、七喜、苏打水、汤力水、干姜水、苹果苏打等。

2. 果蔬汁

包括各种罐装、瓶装和现榨的各类果蔬汁，如橙汁、柠檬汁、青柠汁、苹果汁、西柚汁、芒果汁、西瓜汁、椰汁、菠萝汁、番茄汁、西芹汁、胡萝卜汁、综合果蔬汁等。

3. 水

包括凉开水、矿泉水、蒸馏水、纯净水等。

4. 提香增味材料

以各类利口酒为主，如蓝色的柑香酒、绿色的薄荷酒、黄色的香草利口酒、白色的奶油酒、咖啡色的甘露酒等。

5. 其他调配料

包括糖浆、砂糖、鸡蛋、盐、胡椒粉、美国辣椒汁、英国辣酱油、安哥斯特拉苦精、丁香、肉桂、豆蔻粉等香草料，巧克力粉、鲜奶油、牛奶、淡奶、椰浆等。

6. 冰

根据鸡尾酒的成品标准，调制时常见冰的形态有方冰（Cubes）、棱方冰（Counter Cubes）、圆冰（Round Cubes）、薄片冰（Flake Ice）、碎冰（Crushed）、细冰（幼冰）（Cracked）等。

[任务单]　认识辅料

知识检测

（1）简单介绍辅料的用途。

（2）根据表 3-2 中的图片填写辅料名称及类别。

表 3-2　辅料名称及类别考核表

辅料图片	名称	类别

第三节　认识装饰物

装饰物的巧妙运用可起到画龙点睛的效果，使一杯平淡单调的鸡尾酒立刻鲜活生动起来，散发着生活的情趣和艺术。一杯经过精心装饰的鸡尾酒不仅能捕捉自然生机于杯盏之间，而且也可成为鸡尾酒典型的标志与象征。

知识链接一 鸡尾酒装饰物

装饰物是鸡尾酒的重要组成部分。对于经典的鸡尾酒，其装饰物的构成和制作方法是约定俗成的，应保持原貌，不得随意篡改；而对创新的鸡尾酒，装饰物的修饰和雕琢则不受限制，调酒师可充分发挥想象力和创造力。对于不需要装饰的鸡尾酒品，加以赘饰则是画蛇添足，会破坏酒品的意境。

装饰物主要起点缀、增色作用。常用的装饰物有红绿樱桃、橄榄、柠檬、橙、菠萝、西芹等。装饰物的颜色和口味应与鸡尾酒酒液保持和谐一致，从而使其外观色彩缤纷，给客人以赏心悦目的艺术感受。

知识链接二 常见鸡尾酒装饰果品材料分类

（1）樱桃（红、绿、黄等色）。

（2）咸橄榄（青、黑等色）、酿水橄榄。

（3）珍珠洋葱（细小如指尖、圆形透明）。

（4）水果类。水果类是鸡尾酒装饰最常用的原料，如柠檬、青柠、菠萝、苹果、香蕉、香桃、杨桃等。根据鸡尾酒装饰的要求，可将水果切成片状、皮状、角状、块状等进行装饰。有些水果掏空果肉后，是天然的盛载鸡尾酒的器皿，如椰壳、菠萝壶等。

（5）蔬果类。蔬果类装饰材料常见的有西芹条、酸黄瓜、新鲜黄瓜条、红萝卜条等。

（6）花草绿叶。花草绿叶的装饰使鸡尾酒充满自然和生机，令人倍感活力。常见的有新鲜薄荷叶、洋兰等。花草绿叶的选择应做到清洁卫生，无毒无害，不能有强烈的香味和刺激味。

（7）人工装饰物。人工装饰物包括各类吸管（彩色、加旋形等）、搅拌棒、象形鸡尾酒签、小花伞、小旗帜等。载杯的形状和杯垫的图案花纹对鸡尾酒也起到了装饰和衬托作用。

【任务单】 认识装饰物

知识检测

（1）说明装饰物的作用。

（2）通过学习，在表3-3中列举出一些具有代表性的装饰物并阐述其用途。

表 3-3 装饰物名称及用途

画出装饰物图	装饰物名称	用途

续表

画出装饰物图	装饰物名称	用途

【任务评价】

表 3-4 任务评价单

评价项目	具体要求	评价			
		A	B	C	建议
认识基酒	1. 知识检测（1） 2. 知识检测（2）				
认识辅料	1. 知识检测（1） 2. 知识检测（2）				
认识装饰物	1. 知识检测（1） 2. 知识检测（2）				
学生自我评价	1. 基础概念掌握 2. 知识面的拓展 3. 积极参与 4. 协作意识				
小组活动评价	1. 团队合作良好 2. 互相帮助 3. 对团队工作有贡献 4. 对团队工作满意				
总计					
我的收获					
我的不足					
改进方法和措施					

第四章　鸡尾酒调制手法

【工作场景】

　　别具一格的调制手法，正是鸡尾酒区别于其他酒水的亮点，如何正确调制鸡尾酒呢？让我们逐一领略鸡尾酒的调制方法。

【具体工作任务】

　　（1）了解鸡尾酒基本调制方法；

　　（2）熟悉各种调制方法的放料顺序；

　　（3）掌握各种调制方法的操作技法；

　　（4）鸡尾酒调制的方法一般有四种：摇和法、搅拌法、兑和法、调和法。

第一节　摇和法

知识链接一　何谓摇和法

　　摇和法也称摇荡法，它是将各种基酒和辅料放入调酒壶中，通过手的摇动达到充分混合的目的。此种方法主要用来调制配方中含有鸡蛋、糖、果汁、奶油等较难混合的原料时使用。

知识链接二　用具：调酒壶

图 4-1　调酒壶

1. 放料顺序

　　先在调酒壶中放入适量的冰块，然后按照鸡尾酒的配方要求，依次放入调酒辅料和配料，最后放入基酒。

2. 操作技法

　　摇和法在操作手法上分为单手摇和双手摇两种。摇酒的方法和姿势没有严格的要求，关键在于在将酒液充分摇荡均匀的基础上保持调酒姿势的优美，给宾客以赏心悦目的感受。一般使用小号的摇酒壶可以单手摇，大号的摇酒壶用双手摇则更为妥当一些。摇和法的特点是通过快速、剧烈的摇荡，使酒水能够达到最充分的混合，且不会使冰块过多地融化而冲淡酒液。值得注意的是，无论是单手摇还是双手摇，在摇酒的时候，身体一定要保持稳定，剧烈摇动的应是摇酒壶，而不是调酒师的身体，要尽量保持体态美观、大方。摇妥之后，马上将酒滤入事先备好的酒杯内。

（1）单手摇。

以右手食指按压调酒壶盖，中指在壶身右侧按压滤冰器，拇指在壶身左侧，无名指和小拇指在右侧夹住壶身。手心不与壶身接触，以免加速壶内冰块融化的速度。摇和时，注意手臂尽量拉直，以手腕的力量使调酒壶左右摇晃，同时手臂自然上下摆动。

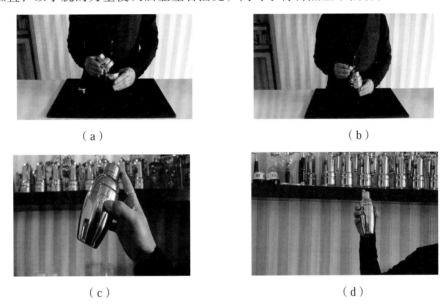

图 4-2　单手摇步骤

（2）双手摇。

对于有鸡蛋和蜂蜜这些较难以单手摇和均匀的鸡尾酒，通常采用双手摇这一操作技法。具体方法是：右手拇指按压调酒壶盖，其他手指夹住壶身；左手无名指、小拇指托住壶底，其余手指夹住壶身。壶头朝向调酒师，壶底朝外，并将壶底略向上抬。摇和时可将调酒壶斜对胸前，也可将调酒壶置于身体的左上或右上方肩上，做"活塞式"运动。注意，用力应均匀有力以便使酒液充分混合冷却。

图 4-3　双手摇步骤

3. 斟倒酒液

（1）斟倒时机。

在摇和过程中，当调酒壶的金属表面出现霜状物时，则证明壶内酒水已经充分混合并且已经达到均匀冷却的目的。

（2）斟倒方式。

右手持壶，左手将壶盖打开，同时右手食指下移按压住滤冰器，将酒壶倾斜，把壶内摇匀后的酒液通过滤冰器滤入载杯之中。

【任务单】　摇和法

知识检测

（1）简要说明摇和法的定义。

（2）简要说明摇和法的操作步骤。

第二节　搅拌法

搅拌法是使用电动搅拌机进行酒水混合的一种方法，主要用来混合鸡尾酒配方中含有水果（如香蕉、草莓、苹果、西瓜等）成分或碎冰时使用。这种调酒方法是通过高速马达的快速搅拌作用达到混合的目的，采用此种调制方法效果非常好，同时亦能极大地提高调制工作的效率和调酒的出品量，因此现在比较流行。

知识链接一　用具：电动搅拌机

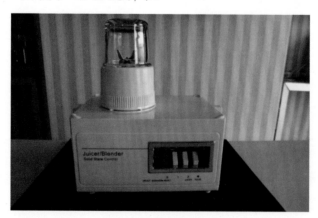

图 4-4　电动搅拌机

知识链接二　操作方法

1. 放料顺序

依据鸡尾酒配方要求将碎冰与辅料及酒水依次放入搅拌杯中。

2. 操作技法

首先注意在投料前应将水果去皮切成丁、片、块等易于搅拌的形状，然后再将原料投放入搅拌杯中。将原料投放完毕后，将搅拌杯的杯盖盖好（以防止高速搅拌时酒液四溅）。开动电源使其混合搅拌。注意，使用电动搅拌机进行调酒时，搅拌的时间不宜过长，一般控制在10秒以内，以防止电机损坏。如果鸡尾酒配方中的材料较难混合时，可以以点动方式进行搅拌调和。

（a）　　　　　　　　　　　　　　　（b）

（c）　　　　　　　　　　　　　　　（d）

图 4-5　搅拌机操作方法

3. 斟倒酒水

待搅拌机马达停止工作，整个搅拌过程结束后，将搅拌杯从搅拌机机座上取下，将搅拌混合好的酒液倒入准备好的载杯中。

【任务单】　**搅拌法**

知识检测

（1）简要说明搅拌法的定义。

（2）简要说明搅拌法的操作步骤。

第三节　兑和法

兑和法调制的鸡尾酒主要是指漂漂酒和彩虹酒。其方法是将各种调酒原料按比重的不同，使用调酒匙的匙背依次倒入酒杯中，使酒液在载杯中形成层次。

知识链接一　用具

调酒匙或长柄匙

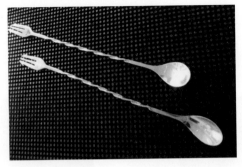

图 4-6　调酒匙

知识链接二　放料顺序

依据鸡尾酒配方的分量，将酒水按照其糖度含量的高低（糖度越高，比重就越大）依次倒入载杯中，先倒糖度含量高的（比重大的），再倒入糖度含量低的（比重小的）酒水。

知识链接三　操作技法

使用兑和法调酒的关键在于，调酒师必须熟练掌握各种酒水不同的密度大小。在进行调制时，必须做到心平气和，尽量避免手的颤动，以防影响酒液的流速冲击下层酒液使酒液色层融合。

知识链接四　斟倒酒水

将调酒匙的匙背或茶匙的匙背倾斜放入杯中，以匙尖轻微接触酒杯内壁，将酒水轻轻倒在匙背上，使酒水沿匙背顺着酒杯内壁缓缓流入载杯中。目前有些调酒师在使用兑和法调制鸡尾酒时，不再使用匙背斟倒酒水，而是采用滴管，这样更能节省时间，提高工作效率。

图 4-7　兑和法步骤

【任务单】　兑和法

知识检测

（1）简要说明兑和法的定义。

（2）简要说明兑和法的操作步骤。

第四节　调和法

调和法是在最少稀释酒水的情况下，迅速将酒水冷却的一种调酒混合方法，其操作步骤是将各种原料和冰块加入调酒杯中，然后使用调酒匙进行搅拌混合。

知识链接一　用具

调酒杯、调酒匙（或搅拌棒）、滤冰器

知识链接二　放料顺序

先将适量的冰块放入调酒杯中，再将酒水依据鸡尾酒配方规定的量，依次倒入调酒杯中。

图 4-8　调和法放料的顺序

知识链接三　操作技法

以左手拇指、中指、食指轻握调酒杯的底部，将调酒匙的螺旋部分夹在右手拇指和食指、中指、无名指之间，快速转动调酒匙做顺时针方向运动，搅动 10～15 圈后，待酒液均匀冷却后停止。

图 4-9　调和法操作技法

知识链接四　斟倒酒水

将滤冰器加盖于调酒杯口上，以右手的食指压滤冰器或食指和中指分列于滤冰器把的左右卡压滤冰器，拇指、无名指和小拇指握住调酒杯。倾斜调酒杯将酒液滤入准备好的载杯中。

（a）

（b）

图 4-10　调和法滤冰

另外，有些鸡尾酒由于不需要滤冰这一过程，则可在其配方规定的载杯中直接使用调酒匙（或搅拌棒）进行调和。

知识链接五　注意事项

（1）调和时，调酒匙的匙头部分应保持在调酒杯的底部搅动，同时应尽量避免与调酒杯的接触，应只有冰块转动的声音。

（2）调酒匙的匙背应向上从调酒杯中取出，以防跟带酒水。

（3）搅拌时间不宜太长，以防冰块过分融化影响酒的口味。

（4）操作时，动作不宜太大，以防酒液溅出。

【任务单】　调和法

知识检测

（1）简要说明调和法的定义。

（2）简要说明调和法的操作步骤。

【任务评价】

表 4-1　任务评价单

评价项目	具体要求	评　价			
		A	B	C	建　议
摇和法	1. 知识检测（1） 2. 知识检测（2）				
搅拌法	1. 知识检测（1） 2. 知识检测（2）				
兑和法	1. 知识检测（1） 2. 知识检测（2）				
调和法	1. 知识检测（1） 2. 知识检测（2）				
学生自我评价	1. 基础概念掌握 2. 知识面的拓展 3. 积极参与 4. 协作意识				

续表

评价项目	具体要求	评价			
		A	B	C	建　议
小组活动评价	1. 团队合作良好 2. 互相帮助 3. 对团队工作有贡献 4. 对团队工作满意				
总　计					
我的收获					
我的不足					
改进方法和措施					

第五章　鸡尾酒调制标准、原则、步骤及注意事项

【工作场景】

　　要想调制一杯色香味俱佳的鸡尾酒,并不是采用任意配方或随意调制就可以达到效果的。华灯初上、五彩斑斓的酒吧里,调酒师们凭借过硬的酒水制作技能,遵循着鸡尾酒调制的基本原则、步骤及注意事项,才能将一杯杯美味可口的鸡尾酒呈现在顾客面前。

【具体工作任务】

　　(1)了解鸡尾酒的调制标准;

　　(2)熟悉鸡尾酒的调制原则;

　　(3)掌握鸡尾酒调制步骤及注意事项。

第一节　鸡尾酒的调制标准

　　(1)时间:调制一杯鸡尾酒应在1分钟内。

　　(2)姿势:动作熟练、姿势优美。

　　(3)调法:调制方法应与酒水要求相一致。

　　(4)程序:应严格按照配方要求逐步进行。

　　(5)载杯:所用杯具必须与酒水要求相一致,不能用错杯具。

　　(6)用料:严格按照配方要求使用基酒和辅料,少用或错用都会影响到酒水的标准味道。

　　(7)装饰:起到画龙点睛的作用,装饰应与酒水要求相一致,并做到操作卫生。

　　(8)颜色:应与酒水配方要求相一致,太浅或太浓都会影响到酒水的整体美观。

　　(9)味道:调制的酒水味道应符合配方要求,不能偏重或偏淡。

【任务单】　鸡尾酒调制标准

　　知识检测

　　请根据表5-1写出鸡尾酒调制标准。

表 5-1　鸡尾酒调制标准考核表

内容	标　准
时间	
姿势	
调法	
程序	

续表

内容	标　　准
载杯	
用料	
装饰	
颜色	
味道	

第二节　鸡尾酒的调制原则

要想调制一款味美可口、色泽诱人的鸡尾酒，必须注意以下几点原则：

（1）调制前，应选择好载杯并擦拭洁净，调制冷饮类酒水时注意载杯必须冰镇。

（2）按照配方的步骤逐步进行操作。

（3）调制时必须使用量器，以保证调出的酒水口味一致。

（4）使用摇和法调酒时，摇荡的动作要迅速有力，姿势应自然美观。

（5）使用搅和法调酒时，应注意选择较大的冰块，并迅速搅拌混合，以防冰块融化过多使酒味变淡。

（6）调酒时如使用水果，应选择新鲜、饱满的。切割后的水果应用洁净的湿布包裹放入冰箱中冷存备用。

（7）如使用新鲜的柠檬、橙子、柑橘榨汁，压榨前应用热水浸泡，这样可以产生较多的汁液。

（8）调酒时使用鸡蛋清的目的是增加酒液的泡沫，因此摇荡时必须用力均匀。

（9）碳酸类饮品不可放入调酒壶中摇荡，以防发生酒液四溅。

（10）鸡尾酒调制完成后，应立即滤入载杯中并呈给客人。

（11）鸡尾酒调制完成后，应养成立即将酒瓶盖拧紧并将酒水复位的工作习惯。

（12）调酒时应使用新鲜的冰块，并按要求选择冰块的类型。

（13）装饰用的水果片，切割时应注意不可太薄。

（14）制作糖浆时，糖粉与水的比例是3∶1。

（15）调酒时所使用的糖块、糖粉，要先在调酒器或酒杯中用少量水将其融化，然后再加入其他材料进行调制。

（16）使用糖浸车厘罐头装饰时，使用前应用清水漂洗。

（17）鸡尾酒服务给客人时应使用杯垫垫底。

（18）倒酒时，注入的酒液不可太满，应以八分满为宜。太满会给客人的饮用造成一定的困难，太少又会显得非常难堪。

（19）所有需要挂霜的鸡尾酒载杯在使用前应注意使之湿润。

（20）往调酒壶中加入酒水时，应注意先加入辅料后加入基酒。

（21）在调酒过程中，"加满苏打水或矿泉水"这句话是针对容量适宜的酒杯而言的，根据配方的要求最后加满苏打水或其他饮料。对于容量较大的酒杯，则需要掌握加的多少，一味地"加满"只会使酒变淡。

（22）调制热饮酒，酒温不可超过 78 ℃，因为酒精的蒸发点是 78.5 ℃，温度太高会使酒液失去酒味。

【任务单】 鸡尾酒调制的原则

知识检测

请根据表 5-2 归纳小结鸡尾酒调制原则。

表 5-2 鸡尾酒调制考核表

鸡尾酒调制	原　则
前置工作	
调制过程	
后置工作	

第三节　鸡尾酒的调制步骤和注意事项

1. 鸡尾酒的调制步骤

（1）按照所调鸡尾酒的配方把所需的酒水找出来，放在调酒制作专用位置的工作台上。

（2）把所调鸡尾酒需要的用具、酒杯、香料、装饰物准备好放在特定位置。

（3）按照配方调制、创作、出品、服务。

（4）清理工作台，将用过的酒水复原，用完的用具清洗完毕。

2. 调制鸡尾酒的注意事项

（1）严格按照鸡尾酒配方调制。

（2）用具要擦干净，保持透明、光亮。

（3）倒酒水时要严格规范使用量杯，不要随意把酒斟入杯中。

（4）使用调和法时，搅拌时间不能太长，一般搅拌 5～10 s 即可。

（5）使用摇和法时，动作要快、用力，摇至摇酒器表面起冰霜即可。

（6）使用摇和法时，一定要用新鲜冰粒。

（7）摇酒器和电动搅拌机每使用一次就应清洗一次。

（8）用完的量杯、酒吧匙等要浸泡在水中，浸泡的水要勤换，以免不同材料互相掺杂，影响酒品质量。

（9）使用合格的酒水，不能随意代替或使用劣质酒水。

（10）调制好的鸡尾酒应立即倒入杯中并尽快出品。

（11）调酒用材料要新鲜，特别是蛋、奶以及不含防腐剂的浓缩果汁等原料容易变质，应储存在冰箱内。

（12）水果装饰物要选用新鲜水果，切好后用保鲜纸包好放入冰箱备用，隔天切的水果装饰物不能再使用。

（13）尽量避免用手去接触酒水、冰块、杯边或装饰物。

（14）"冰冻"是鸡尾酒的灵魂，要正确使用冰粒使鸡尾酒达到一定的冰冻度；若室内温度过高，杯具使用前需作冰镇处理，可放在冷藏柜中，或在杯中放入冰粒、冰水加以冷却。

（15）新鲜的柠檬或橙子等在挤汁前，先用热水浸泡数分钟，可去除表面的苦涩味，同时可挤出更多的汁液。

【任务单】　鸡尾酒的调制步骤及注意事项

知识检测

请根据表 5-3 列出鸡尾酒调制步骤及注意事项。

表 5-3　鸡尾酒调制步骤及注意事项考核表

调制步骤	

续表

调制步骤	
注意事项	

【任务评价】

表 5-4 　任务评价单

评价项目	具体要求	评　　价			
		A	B	C	建　议
鸡尾酒调制标准	知识检测				
鸡尾酒调制原则	知识检测				
鸡尾酒调制步骤及注意事项	知识检测				
学生自我评价	1. 基础概念掌握 2. 知识面的拓展 3. 积极参与 4. 协作意识				

评价项目	具体要求	评价			
		A	B	C	建　议
小组活动评价	1. 团队合作良好 2. 互相帮助 3. 对团队工作有贡献 4. 对团队工作满意				
总计					
我的收获					
我的不足					
改进方法和措施					

第六章　鸡尾酒创作

【工作场景】

"鸡尾酒"自18世纪诞生以来，经过人们不断地创作和发展，已形成30多种类型、几千个配方。这些配方不仅体现了世界各国调酒师精湛的调制技术，也融汇了其丰富的思想灵感。因此，鸡尾酒创作不仅是调酒师精湛调制技术的体现，更是调酒师创作灵感、创作意念和艺术修养的结晶。

【具体工作任务】

（1）了解鸡尾酒的创作原则；
（2）熟悉鸡尾酒的命名方法；
（3）掌握鸡尾酒的创作步骤及注意事项；
（4）熟知鸡尾酒的品尝方法。

第一节　鸡尾酒的创作原则

知识链接一　鸡尾酒的创作原则重要性诠释

鸡尾酒是一种自娱性很强的混合饮料，它不同于其他任何一种产品的生产，它可以由调制者根据自己的喜好和口味特征来尽情地想象、发挥。但是，如果要使它成为商品，在饭店、酒吧中进行销售，那就必须符合一定的规则，它必须适应市场的需要，满足消费者的需求。因此，鸡尾酒的调制必须遵循一些基本的原则。

知识链接二　鸡尾酒的创作原则

1. 新颖性

任何一款新创鸡尾酒首先必须突出一个"新"字，即在已流行的鸡尾酒中没有记载。创作的鸡尾酒无论在表现手法，还是在色彩、口味等方面，以及酒品所表达的意境等，都应令人耳目一新，给品尝者以新意。鸡尾酒的新颖，关键在于其构思的奇巧。构思是人们根据需要而形成的设计导向，这是鸡尾酒设计制作的思想内涵和灵魂。鸡尾酒的新颖性原则，就是要求创作者能充分运用各种调酒材料和各种艺术手段，通过挖掘和思考，来体现鸡尾酒新颖的构思，创作出色、香、味、形俱佳的新酒品。鸡尾酒是集多种艺术特征为一体，形成自己的艺术特色，从而给消费者以视觉、味觉和触觉等的艺术享受。因此，在鸡尾酒创作时，都要将这些因素综合起来进行思考，以确保鸡尾酒的新颖、独特。

2. 易于推广

任何一款鸡尾酒的设计都有一定的目的，要么是设计者自娱自乐，要么是在某个特定的场合，为渲染或烘托气氛进行即兴创作，但更多的是一些专业调酒师为了饭店、酒吧经营的需要而进行的专门创作。创作的目的不同，决定了创作者的设计手法也不完全一样。作为经营所需而设计创作的鸡尾酒，在构思时必须遵循易于推广的原则，即将它当作商品来进行创作。

第一，鸡尾酒的创作不同于其他商品，它是一种饮品，首先必须满足消费者的口味需要。因此，创作者必须充分了解消费者的需求，使自己创作的酒品能适应市场的需要，易于被消费者接受。

第二，既然创作的鸡尾酒是一种商品，就必须要考虑其盈利性质与创作成本。鸡尾酒的成本由调制的主料、辅料、装饰品等直接成本和其他间接成本构成。成本的高低尤其是直接成本的高低，直接影响到酒品的销售价格。若价格过高，消费者接受不了，会严重影响到酒品的推广。因此，在进行鸡尾酒创作时，应当选择一些口味较好、价格又不是很昂贵的酒品作基酒进行调配。

第三，配方简洁是鸡尾酒易于推广和流行的又一因素。从以往的鸡尾酒配方来看，绝大多数配方都很简洁，易于调制，即使是以前比较复杂的配方，随着时代的发展以及人们需求的变化，也变得越来越简洁。如"新加坡司令"，当初发明的时候调配材料有十多种，但由于其复杂的配方很难记忆，制作也比较麻烦，因此，在推广过程中被人们逐步简化，变成了现在的配方。所以，在设计和创作新鸡尾酒时，必须使配方简洁，一般每款鸡尾酒的主要调配材料应控制在五种或五种以内，这既利于调配，又利于流行和推广。

第四，遵循基本的调制法则，并有所创新。任何一款新创作的鸡尾酒，要能易于推广、易于流行，还必须易于调制，在调制方法的选择上也不外乎摇和、搅和、兑和等方法。当然，创新鸡尾酒在调制方法上也是可以创新的，如将摇和与漂浮法结合，将摇和与兑和法结合调制酒品等。

3. 色泽和谐、独特

色彩是表现鸡尾酒魅力的重要因素之一，任何一款鸡尾酒都可以通过赏心悦目的色彩来吸引消费者，并通过色彩来增加鸡尾酒自身的鉴赏价值。因此，鸡尾酒的创作者们在创作鸡尾酒时，都特别注意酒品颜色的选用。

鸡尾酒中常用的色彩有红、蓝、绿、黄、褐等几种。在以往的鸡尾酒中，出现得最多的颜色是红、蓝、绿以及少量黄色，而在鸡尾酒创作中，这几种颜色也是用得最多的，使得许多酒品在视觉效果上不再有什么新意，缺少独创性。因此，创作时应考虑到色彩的与众不同，增加酒品的视觉效果。

4. 口感卓绝

口感是评判一款鸡尾酒好坏以及能否流行的重要标志，因此，鸡尾酒的创作必须将口感作为一个重要因素加以认真考虑。

口感卓绝的原则是，首先要求新创作的鸡尾酒在口味上必须诸味调和，酸、甜、苦、辣诸味必须相协调，过酸、过甜或过苦都会掩盖人的味蕾对味道的品尝能力，从而降低酒的品质。其次，新创鸡尾酒在口感上还需满足消费者的口味需求，虽然不同地区的消费者在口味上有所不同，但作为流行性和国际性很强的鸡尾酒，在设计时必须考虑其广泛性要求，在满足绝大多数消费者共同需求的同时，再适当兼顾本地区消费者的口味需求。此外，在口感方面还应注意突出基酒的口味，避免辅料"喧宾夺主"。基酒是一款酒品的根本和核心，无论采用何种辅料，最终形成何种口味特征，都不能掩盖基酒的味道，造成主次颠倒。

【任务单】　鸡尾酒的创作原则

知识检测

根据表 6-1 归纳出鸡尾酒创作原则及具体内容。

表 6-1　鸡尾酒的创作原则考核表

鸡尾酒创作原则	具体内容
1.	
2.	
3.	
4.	

第二节　鸡尾酒的命名方法

知识链接一　鸡尾酒命名技巧

一款受欢迎的鸡尾酒的命名就如一篇美文、一首名曲。名称是给客人留下的第一印象，是鸡尾酒能否流行及推广的重要元素之一。鸡尾酒的创作者应根据创作意境来决定鸡尾酒的名称。所谓诗情画意，就是要具有相当的浪漫想象空间。如果一直沿用传统命名，就会失去时代的浪漫质感。若是命名内容与想象落差太大，则会产生名不副实的相反效果。因此，创新鸡尾酒时，首先应按需命名，然后再决定与这种名称形象相符的调酒要素。

知识链接二　鸡尾酒的命名方法

鸡尾酒的命名大多数是鸡尾酒创作者根据自身的喜好自由命名，有植物名、动物名、人名，从形容词到动词，从视觉到味觉，从典故到灵感等，其命名五花八门、千奇百怪。基本可划分为以下四类：一是以内容命名；二是以鸡尾酒的颜色命名；三是以传说、典故或历史人物命名；四是以其他方式命名。

第一类以内容命名，就是还它本来面目。比如"威士忌兑水"就是威士忌与水混合而成，顾名思义，一目了然。

第二类以颜色命名，占鸡尾酒的很大一部分：它的基酒可以是"伏特加""金酒""威士忌"等，配以下列带色的溶液，像画家一样调出五颜六色的鸡尾酒。

1. 红色

红色基酒最常见的是由艳红欲滴的石榴榨汁而成的石榴糖蜜、樱桃白兰地、草莓白兰地等。常用于红粉佳人、日出特基拉、新加坡司令等酒的调制。

图 6-1　哈佛

图 6-2　环游世界

2. 绿色

绿色基酒主要用的是薄荷酒，薄荷酒的颜色分绿色、透明色和红色三种，尤以绿色和透明色使用居多。常用于调制蚱蜢、绿魔鬼、青龙、翠玉等鸡尾酒。

3. 蓝色

蓝色基酒主要指透明宝石蓝的蓝色柑橘酒，常用于调制蓝色夏威夷、蓝天使、忧郁的星期一、青鸟、蓝尾巴苍蝇等酒。

图 6-3　蓝色夏威夷

图 6-4　大都会

4. 黑色

黑色基酒包括用各种咖啡酒，其中最常用的是一种叫甘露（也称卡鲁瓦）的墨西哥咖啡酒。其色浓黑如墨，味道极甜，带浓厚的咖啡味，专用于调配黑色的鸡尾酒，如黑色玛丽亚、黑杰克、黑俄罗斯等。

5. 褐色

褐色基酒主要指可可酒，由可可豆及香草做成，由于欧美人对巧克力偏爱异常，配酒时常常大量使用，或用透明色淡的，或用褐色的，比如调制白兰地亚历山大、第五街、天使之吻等鸡尾酒。

图 6-5　黑俄罗斯

图 6-6　教父

6. 金色

金色基酒主要指用带茴香及香草味的加里安奴酒，或用蛋黄、橙汁等。常用于金色凯迪拉克、金色的梦、金青蛙、旅途平安等的调制。

带色的酒多半具有独特的冲味。一味知道调色而不知调味，可能会调出一杯中看不中喝的手工艺品；反之，只重味道而不讲色泽，也可能成为一杯无人敢问津的杂色酒。此中分寸需经耐心细致的摸索、实践来寻求，不可操之过急。

第三类以影响深远、美丽动人的传说典故或偶像人物来抒发调酒师的思想感情。比如亚历山大、玛格丽特、毕加索、伊丽莎白女王等。

第四类是调酒师根据个人丰富的阅历及创作灵感，抒发自己的真实情感而命名的。

（1）以植物命名：如黑玫瑰。

（2）以自然景观命名：如墨西哥日出、牙买加风光。

（3）以军事事件命名：如炸弹、卫队、海军上尉。

（4）以城市或国家命名：如新加坡司令、孟买、佛罗里达、阿拉斯加。

（5）以时间或季节命名：如九月晨光、六月玫瑰菲兹。

（6）以生活中的情趣事情命名：如天使之吻、丘比特之剑。

【任务单】 鸡尾酒的命名方法

知识检测

（1）简要介绍鸡尾酒的命名技巧。

（2）简要介绍鸡尾酒的命名方法。

表 6-2 鸡尾酒的命名技巧及方法考核表

分类	释义		举例
第一类：以鸡尾酒的内容命名			
第二类：以鸡尾酒的颜色命名	红色：		
	黄色：		
	蓝色：		
	白色：		
	青色：		
	黑色：		
	紫色或粉色		
第三类：以传说典故或历史人物			
第四类：以其他方式命名			

续表

分类	释义	举例
第四类：以其他方式命名	以植物命名	
	以自然景观命名	
	以军事事件命名	
	以城市或国家命名	
	以时间或季节命名	
	以生活中的情趣事件命名	

第三节 鸡尾酒创作步骤及注意事项

知识链接一 鸡尾酒的创作步骤

（1）确定创作意图和主题。
（2）确定命名。
（3）选择恰当的原材料。
（4）选择杯具及装饰物。
（5）调制创作。

知识链接二 鸡尾酒创作时的注意事项

有的鸡尾酒制作复杂，配方内容超过几十种材料，可是客人并不欣赏，因此也流行不起来，过不了多久便被人们忘记了。所以创作鸡尾酒时必须注意以下事项：

（1）创作出的鸡尾酒应以客人能否接受作为第一标准。一杯好的鸡尾酒，主要是给客人饮用的，只有取得客人的欣赏才能流行。

（2）新的鸡尾酒要受到客人的欢迎才能流行，所以应根据客人的来源和口味创作。

（3）创作时要遵守调制原理，特别是使用中国酒时，要注意味道搭配。同时要注意，配方如果太复杂，会难以记忆与调制，妨碍鸡尾酒的推广与流行。

（4）密切关注客人的反应，客人如果喜欢会常点，客人如果不喜欢则可以立即取消。一款没有客源的鸡尾酒是不会流行的。通过不断筛选，可以从中挑选出最受欢迎的品种，形成真正流行的特色鸡尾酒。

【任务单】 鸡尾酒创作步骤及注意事项

知识检测
（1）简要介绍鸡尾酒的创作步骤。
（2）简要介绍鸡尾酒创作时的注意事项。

第四节　鸡尾酒的品尝

知识链接一　一款完美的鸡尾酒应具备的元素

（1）能增进食欲。

鸡尾酒酸甜苦辣五味俱全，尤其在餐前饮用，可以起到生津开胃、促进食欲的作用。因此，无论使用何种材料，包括用大量果汁来调制鸡尾酒，也不应脱离鸡尾酒的这一基本范畴，更不能背道而驰。

（2）能创造热烈的气氛。

巧妙调制的鸡尾酒是完美的饮品，享用鸡尾酒既能缓解紧张的情绪，增强血液循环，消除疲劳，同时，饮后还能使人兴奋，心情舒畅，增进友谊，促进人们之间的沟通和交流。

（3）需口味卓绝。

鸡尾酒口味如果太甜、太苦或太香，就会影响品尝酒味的能力，降低鸡尾酒的品质。好的鸡尾酒应该是不同口味的和谐相处，给人奇妙的味觉感受。

（4）须充分冰冻。

调制好的鸡尾酒应充分冰凉到具体酒品所需的程度。鸡尾酒通常使用高脚杯装盛，调制时须加冰，加冰量应严格按配方控制，冰块要化到要求的程度。

知识链接二　鸡尾酒的品尝步骤

作为调酒师，特别是有经验的调酒师，不但要懂得调制鸡尾酒，而且要会品尝鉴别调制好的鸡尾酒品种。品尝分为三个步骤：观色、嗅味、品尝。

1. 观色

调好的鸡尾酒都有一定的颜色，观色可以断定配方分量是否准确，例如红粉佳人调好后呈粉红色，青草蜢调好后呈奶绿色，干马天尼调好后清澈透明如清水一般。如果颜色不对，则整杯鸡尾酒就要重新做，不能售给客人，也不必再去试味了。更明显的如彩虹鸡尾酒，只从观色便可断定是否合格了，任意一层混浊了都不能再出售。

2. 嗅味

嗅味是用鼻子去闻鸡尾酒的香味，但在酒吧中进行时不能直接拿起整杯酒来嗅味，要用调酒匙。凡鸡尾酒都有一定的香味，首先是基酒的香味，其次是所加的辅料酒或饮料的香味，如果汁、甜酒、香料等各种不同的香味。

3. 尝试

品尝鸡尾酒不能像喝开水那样，要一小口一小口地喝，喝入口中要停顿一下再吞咽。只有细细地品尝才能分辨出多种不同的味道。

【任务单】　鸡尾酒品尝

知识检测

（1）简要介绍一款完美的鸡尾酒应具备的元素。

（2）简要介绍鸡尾酒的品尝步骤。

【任务评价】

表 6-3　任务评价单

评价项目	具体要求	评　　价			
		A	B	C	建　议
鸡尾酒品尝	知识检测				
鸡尾酒的命名方法	1. 知识检测（1） 2. 知识检测（2）				
鸡尾酒的创作步骤及注意事项	1. 知识检测（1） 2. 知识检测（2）				
鸡尾酒品尝	1. 知识检测（1） 2. 知识检测（2）				
学生自我评价	1. 基础概念掌握 2. 知识面的拓展 3. 积极参与 4. 协作意识				
小组活动评价	1. 团队合作良好 2. 互相帮助 3. 对团队工作有贡献 4. 对团队工作满意				
总　计					
我的收获					
我的不足					
改进方法和措施					

第二篇　鸡尾酒实操训练

第七章 "摇和法"的调制

【工作场景】

经典电影或短剧总是让我们如痴如醉,不仅仅是为其中的美景,更为里面的经典故事而陶醉。而酒吧则是很多电影里的重要场景,很多电影中男女主角的浪漫故事都发生在里面。那么就让我们跟随这些电影和短剧的足迹,再回味一下那些电影或短剧里的酒吧,给我们留下的那些精彩故事吧,同时让我们真正了解鸡尾酒是怎样调制的。

【具体工作任务】

（1）了解摇和法的调制原理和方法；
（2）准备摇和法调制酒品所需器皿和原材料；
（3）掌握摇和法调制鸡尾酒的注意事项；
（4）掌握相关酒品的调制。

第一节 红粉佳人（Pink Lady）

典故：1912年,英国伦敦上演了一出名为《粉红色的女士》的短剧。在短剧的首场演出庆祝宴会上,特意为女主角海泽尔·多思创作了一款叫作红粉佳人的鸡尾酒。于是,红粉佳人鸡尾酒开始流行。1944年,在美国的百老汇《生日快乐》的短剧中,女演员海伦·黑斯喝了红粉佳人鸡尾酒后,在台上大展舞姿。自此,红粉佳人鸡尾酒便风靡世界,成为每个酒吧调酒师重点推销的鸡尾酒。

诞生地：英国

材料：1/3oz 柠檬汁（Lemon Juice）

1/3oz 牛奶（Milk）

1个蛋清（Egg White）

1茶匙君度（Cointreau）

1茶匙石榴汁糖浆（Grenadine Syrup）

1oz 金酒（Dry Gin）

用具：摇酒壶、量酒器

杯具：鸡尾酒杯

装饰：红樱桃

调法：（1）将鸡尾酒杯中装满冰进行冰杯处理；

（2）准备好所用材料即器具；

（3）将适量冰块放入摇酒壶中；

（4）按先辅后主的顺序依次加入材料；

图 7-1 红粉佳人

（5）摇匀即可装杯；

（6）用调酒匙取出红樱桃做装饰；

（7）将调制好的鸡尾酒置于杯垫上；

（8）归还材料，清理吧台。

特点：色泽艳丽，口感润滑，酒度适中，特别是石榴糖浆与白色蛋清所泛起的淡淡粉红色足以令人陶醉，而糖浆的甜味与金酒的苦涩又凝聚出诱人与和谐的味感，所以红粉佳人是深受女性追捧的一款鸡尾酒。

第二节　亚历山大（Alexander）

典故：19 世纪，为了纪念英国国王爱德华七世与皇后亚历山大的婚礼，调酒师特意创作了这款鸡尾酒。它甜美浓醇，向全世界宣告爱情的甜美与婚姻的幸福，从 19 世纪延续到如今。

诞生地：英国

材料：3/4oz 棕可可（Creme de Cacao Brown）

3/4oz 鲜奶油（Heavy Cream）

3/4oz 白兰地（Brandy）

豆蔻粉（Grated Nutmeg）少量

用具：摇酒壶、量酒器

杯具：鸡尾酒杯

装饰：豆蔻粉或柠檬片

调法：

（1）将鸡尾酒杯中装满冰进行冰杯处理；

（2）准备好所用材料即器具；

（3）将适量冰放入摇酒壶中；

（4）按先辅后主的顺序依次加入材料；

图 7-2　亚历山大

（5）摇匀即可装杯；

（6）撒少许豆蔻粉做装饰；

（7）将调制好的鸡尾酒置于杯垫上；

（8）归还材料，清理吧台。

特点：口感香甜中略带辛辣，并且含有浓郁的可可香味，特别适合女性朋友饮用。

第三节　玛格丽特（Margarita）

典故：关于这种酒的起源，有一个凄美的爱情故事。这款鸡尾酒曾经是 1949 年全美鸡尾酒大赛的冠军，它的创造者是简·杜雷萨，玛格丽特是他已故恋人的名字。在 1926 年，简·杜雷萨和他的恋人外出打猎，玛格丽特不幸中流弹身亡。简·杜雷萨从此郁郁寡欢，为了纪念爱人，将自己的获奖作品以她的名字命名。而调制这种酒需要加盐，据说也是因为玛格丽特生前特别喜欢吃咸的东西。玛格丽特主要是由龙舌兰酒和各类橙酒及青柠汁等果汁调制而成。龙舌兰是一种产于热带的烈性酒，所以刚刚入口的时候可以感受到一种烈酒的火辣，但瞬间这种热力就又被青柠的温柔冲淡了，后味有股淡淡的橙味。这种感觉好像就是简·杜雷萨和玛格丽特的爱情一样，热烈，又有一种淡淡的哀思。如今，Margarita 在世界酒吧流行的同时，也成为 Tequila 的代表鸡尾酒。

诞生地：墨西哥

材料：2/3oz 柠檬汁（Lemon Juice）

2/3oz 君度（Cointreau）

1 1/2oz 龙舌兰酒（Tequila）

盐（Salt）

用具：摇酒壶、量酒器

杯具：玛格丽特杯

装饰：盐霜

调法：

（1）将鸡尾酒杯中装满冰进行冰杯处理；

（2）准备好所用材料即器具；

（3）将适量冰放入摇酒壶中；

（4）按先辅后主的顺序依次加入材料；

（5）摇匀即可装杯；

（6）上盐霜做装饰；

（7）将调制好的鸡尾酒置于杯垫上；

（8）归还材料，清理吧台。

图 7-3 玛格丽特

特点：口感浓郁，带有清新的果香和龙舌兰酒的特殊香味，入口酸酸甜甜，非常清爽。

第四节 曼哈顿（Manhattan）

典故：自这款鸡尾酒诞生起，人们就一直喝着这款鸡尾酒，念念不忘它的味道，无论在哪一个酒吧，这款鸡尾酒总是客人的至爱，因而被称为"鸡尾酒王后"，这就是 Manhattan（曼哈顿鸡尾酒）。传说曼哈顿鸡尾酒的产生与美国纽约曼哈顿有关。英国前首相丘吉尔 Winston Churchill 的母亲 Jeany 是纽约布鲁克林含有四分之一印第安血统的美国人，她还是纽约社交圈的知名人物。据说，她在曼哈顿俱乐部为自己支持的总统候选人举行宴会，特意创作了这款鸡尾酒来招待客人。

诞生地：美国曼哈顿

材料：2/3oz 甜味美思（Sweet Vermouth）

1/6oz 苦精（Angostura Bitters）

1oz 威士忌（Whisky）

1 个红樱桃（Red Cherry）

用具：摇酒壶、量酒器

杯具：鸡尾酒杯

装饰：红樱桃

调法：

（1）将鸡尾酒杯中装满冰进行冰杯处理；

（2）准备好所用材料即器具；

（3）将适量冰放入摇酒壶中；

（4）按先辅后主的顺序依次加入材料；

（5）摇匀即可装杯；

（6）用红樱桃装饰；

（7）将调制好的鸡尾酒置于杯垫上；

（8）归还材料，清理吧台。

图 7-4　曼哈顿

特点：著名英国首相丘吉尔之母发明的，口感强烈而直接，因此也被称为"男人的鸡尾酒"！

知识链接　鸡尾酒常见配方

表 7-1　鸡尾酒常见配方 1

鸡尾酒	序号	材料及用量	调法	杯具
纽约		沾边波本威士忌 1½ oz 酸橙汁 1/2 oz 石榴糖浆 1/2 茶匙 砂糖 1 茶匙 柳橙皮适量	摇和法	鸡尾酒杯
曼哈顿（干）		沾边威士忌 1½ oz 干味美思 1/2 oz 安哥斯特拉苦精 1 滴 绿樱桃 1 个	摇和法	鸡尾酒杯

续表

鸡尾酒	序号	材料及用量	调法	杯具
威士忌酸		苏格兰威士忌 1½ oz 柠檬汁 2/3 oz 白糖浆 1/3 oz	摇和法	鸡尾酒杯
教父		波本威士忌 1 oz 杏仁甜酒 1/2 oz 红樱桃 1 个	摇和法	鸡尾酒杯
奥林匹克		白兰地 1 oz 橙皮甜酒 1/2 oz 橙汁 1/2 oz	摇和法	鸡尾酒杯

续表

鸡尾酒	序号	材料及用量	调法	杯具
白兰地牛奶宾治		白兰地 1 oz 牛奶 4 oz 糖浆 1 茶匙	摇和法	果汁杯
古典		白兰地 1 oz 白橙皮酒 1/2 oz 樱桃甜酒 1/2 oz 柠檬汁 1 茶匙 柠檬片 1 片	摇和法	鸡尾酒杯
哈佛		白兰地 1½ oz 甜味美思 3/4 oz 安哥斯特拉苦精 3~4 滴 红石榴汁 3~4 滴 红樱桃 1 个 橙皮	摇和法	鸡尾酒杯

续表

鸡尾酒	序号	材料及用量	调法	杯具
双轮马车		白兰地 1/2 oz 君度 1/3 oz 柠檬汁 1/3 oz	摇和法	鸡尾酒杯
瓦伦西亚		杏仁白兰地 1½ oz 柳橙汁 1/3 oz 君度 1 茶匙	摇和法	鸡尾酒杯
得其利		白朗姆 2 oz 青柠檬汁 1 oz 糖浆 1/2 oz 柠檬片 1 个	摇和法	鸡尾酒杯

续表

鸡尾酒	序号	材料及用量	调法	杯具
XYZ		黑朗姆 1 oz 君度 3/4 oz 青柠檬汁 3/4 oz	摇和法	鸡尾酒杯
上海		黑朗姆 1 oz 柠檬汁 2/3 oz 茴香酒 1/3 oz 红糖水 1/6 oz	摇和法	鸡尾酒杯
蓝色夏威夷		朗姆酒 1 oz 蓝橙 1 oz 菠萝汁 1 oz 柠檬汁 1/2 oz 柠檬片 1 个	摇和法	果汁杯

续表

鸡尾酒	序号	材料及用量	调法	杯具
总统		朗姆酒 1 oz 菠萝汁 1/3 oz 柠檬汁 1 茶匙 红糖水 1 茶匙	摇和法	鸡尾酒杯
银菲士		金酒 1½ oz 柠檬汁 1/2 oz 白糖浆 1/3 oz 蛋清 1 个 苏打水	摇和法	果汁杯
探戈		金酒 1 oz 干味美思 1/2 oz 甜味美思 1/2 oz 橙皮甜酒 1/6 oz 橙汁 1/6 oz 橙片 1 片	摇和法	鸡尾酒杯

鸡尾酒	序号	材料及用量	调法	杯具
史丁格金酒		金酒 1 oz 白薄荷 2/3 oz	摇和法	鸡尾酒杯
白美人		金酒 1 oz 君度 1/3 oz 柠檬汁 1/3 oz 蛋清 1 个	摇和法	鸡尾酒杯
环游世界		金酒 2/3 oz 绿薄荷 1/6 oz 菠萝汁 1/6 oz	摇和法	鸡尾酒杯

续表

鸡尾酒	序号	材料及用量	调法	杯具
橘花		金酒 1 oz 柳橙汁 1/2 oz	摇和法	鸡尾酒杯
布朗克斯		金酒 1 oz 干味美思 1/3 oz 甜味美思 1/3 oz 柳橙汁 1/3 oz	摇和法	鸡尾酒杯
墨西哥宾治		龙舌兰 1 oz 牛奶 4 oz 糖浆 1 oz 鸡蛋 1 个	摇和法	柯林斯杯

续表

鸡尾酒	序号	材料及用量	调法	杯具
模仿鸟		龙舌兰 1/2 oz 绿薄荷 1/3 oz 青柠汁 1/3 oz	摇和法	鸡尾酒杯
大都会		伏特加 1½ oz 白橙皮利口酒 1 oz 蔓越梅汁 3 oz 青柠汁 1/2 oz	摇和法	鸡尾酒杯
神风		伏特加 1½ oz 白柑桂酒 1 茶匙 酸橙汁 1/2 oz	摇和法	鸡尾酒杯
上流生活		伏特加 1 oz 君度 1/3 oz 菠萝汁 1/3 oz 蛋清 1 个	摇和法	鸡尾酒杯

【任务评价】

表 7-2 任务评价单

评价项目	具体要求	评 价			
		A	B	C	建 议
摇和法调制鸡尾酒	1. 红粉佳人 2. 亚历山大 3. 玛格丽特 4. 曼哈顿				
学生自我评价	1. 器皿及原材料的准备 2. 调制及服务方法 3. 积极参与 4. 协作意识				
小组活动评价	1. 团队合作良好 2. 互相帮助 3. 对团队工作有贡献 4. 对团队工作满意				
总 计					
我的收获					
我的不足					
改进方法和措施					

第八章 "兑和法"的调制

【工作场景】

有人说酒杯里蕴涵了很多人生哲理。酒可以说是人们生活中一剂重要的调味料，而酒吧则可称作人生五味的大集市。快捷的生活步调使得很多人把酒吧看作是工作之余最重要的社交休闲场所，人们习惯向与自己没有利害冲突的局外人倾诉衷肠。调酒师这个职业往往显得十分微妙，作为酒吧侍应他们向顾客提供服务；而作为经营者他们要更多地担任倾听者的角色。调酒师不仅要调出可口的饮品，同时也必须学会调和酒吧场所的气氛和顾客的情绪。那么，我们今天就走进一家酒吧去了解彩虹酒是怎样调制的。

【具体工作任务】

（1）了解兑和法的调制原理和方法；

（2）准备兑和法调制酒品所需器皿和原材料；

（3）掌握兑和法调制鸡尾酒的注意事项；

（4）掌握相关酒品的调制。

第一节 彩虹酒（Rain Bow）

材料：1/3 oz 红糖水（Grenadine Syrup）

　　　1/3 oz 蓝橙（Blue Curacao）

　　　1/3 oz 威士忌（Whiskey）

用具：量酒器、调酒匙

杯具：利口酒杯

装饰物：

图 8-2 彩虹酒

调法：

（1）依次加入酒水分层；

（2）将调制好的鸡尾酒置于杯垫上；

（3）归还材料，清理吧台。

第二节 天使之吻（Angels Kiss）

材料：1 oz 咖啡力娇酒（Kahula）

2/3 oz 牛奶（Milk）

1 个红樱桃（Red Cherry）

用具：量酒器、调酒匙

杯具：利口酒杯

装饰物：红樱桃

调法：

（1）将咖啡力娇酒倒入利口酒杯中；

（2）慢慢倒入牛奶，悬浮于咖啡力娇酒的上面；

（3）用果签将樱桃从中间传过，横放于杯口；

（4）将调制好的鸡尾酒置于杯垫上；

（5）归还材料，清理吧台。

图 8-2 天使之吻

第三节 B-52 轰炸机

材料：1/2 oz 咖啡力娇酒（Kahula）

1/2 oz 百利甜酒（Bailey's Irish Cream）

1/4 百加得 151（Bacardi）

用具：量酒器、调酒匙

杯具：子弹杯

装饰物：

调法：

（1）将咖啡力娇酒倒入子弹杯中；

（2）慢慢倒入百利甜酒，悬浮于咖啡力娇酒上面；

（3）将百加得 151 覆盖于百利甜酒上面；

（4）将调制好的鸡尾酒置于杯垫上；

（5）归还材料，清理吧台。

图 8-3 B-52 轰炸机

第四节　龙舌兰日出（Tequila Sunrise）

材料：1 oz 龙舌兰（Tequila）

　　　　8 分满橙汁（Orange Juice）

　　　　1/3 oz 红糖水（Grenadine Syrup）

用具：量酒器、调酒匙

杯具：郁金香杯

装饰物：橙片

调法：

（1）将适量冰块放入郁金香杯中；

（2）加入龙舌兰酒；

（3）加入橙汁 8 分满；

（4）加入红糖水；

（5）将调制好的鸡尾酒置于杯垫上；

（6）归还材料，清理吧台。

知识链接　鸡尾酒常见配方

图 8-4　龙舌兰日出

表 8-1　鸡尾酒常见配方 2

鸡尾酒名称	图片	材料及用量	调法	杯具
B&B		加利安奴 1/2 oz 白兰地 1/2 oz	兑和法	利口酒杯
奥运五环		红糖水 1/5 oz 咖啡力娇 1/5 oz 绿薄荷 1/5 oz 香蕉利口酒 1/5 oz 蓝橙 1/5 oz	兑和法	利口酒杯

续表

鸡尾酒名称	图片	材料及用量	调法	杯具
四色彩虹		白可可 1/4 oz 蓝橙 1/4 oz 伏特加 1/4 oz 百加得 151 1/4 oz	兑和法	利口酒杯
五色彩虹		红糖水 1/5 oz 绿薄荷 1/5 oz 蓝橙 1/5 oz 君度 1/5 oz 白兰地 1/5 oz	兑和法	利口酒杯
七色彩虹 1		红糖水 1/7 oz 咖啡力娇 1/7 oz 绿薄荷 1/7 oz 白可可酒 1/7 oz 蓝橙 1/7 oz 君度 1/7 oz 威士忌 1/7 oz	兑和法	利口酒杯

续表

鸡尾酒名称	图片	材料及用量	调法	杯具
七色彩虹 2		红糖水 1/7 oz 绿薄荷 1/7 oz 白可可酒 1/7 oz 蓝橙 1/7 oz 加力安奴 1/7 oz 君度 1/7 oz 白兰地 1/7 oz	兑和法	利口酒杯
普施咖啡		红糖水 1/5 oz 棕可可 1/5 oz 绿薄荷 1/5 oz 白柑橘香甜酒 1/5 oz 白兰地 1/5 oz	兑和法	利口酒杯

【任务评价】

表 8-2 任务评价单

评价项目	具体要求	评价			
		A	B	C	建议
兑和法调制鸡尾酒	1. 彩虹酒 2. 天使之吻 3. B-52 轰炸机 4. 日出龙舌兰				
学生自我评价	1. 器皿及原材料的准备 2. 调制及服务方法 3. 积极参与 4. 协作意识				

续表

评价项目	具体要求	评价			
		A	B	C	建 议
小组活动评价	1. 团队合作良好 2. 互相帮助 3. 对团队工作有贡献 4. 对团队工作满意				
总 计					
我的收获					
我的不足					
改进方法和措施					

第九章　"调和法"的调制

【工作场景】

这是酒吧，灯光虽耀眼，却没有那般喧闹；音乐虽劲爆，却是如瀑布般让人畅爽；红酒虽妖媚，却是那般诱人。温和的服务生、帅气的调酒师成了这里最美的点缀。此时，一对情侣来到吧台前，点了一款马天尼干，接下来我们看应该如何为客人服务呢？

【具体工作任务】

（1）了解调和法的调制原理和方法；

（2）准备调和法调制酒品所需器皿和原材料；

（3）掌握调和法调制鸡尾酒的注意事项；

（4）掌握相关酒品的调制。

第一节　马天尼干（Dry Martini）

材料：2 oz 金酒（Gin）
　　　1/2 oz 干味美思（Martini Dry）

用具：量酒器、调酒匙、调酒杯、滤冰器、冰桶、冰夹

杯具：鸡尾酒杯

装饰物：青橄榄

调法：

（1）在鸡尾酒杯中加入冰块，进行冰杯；

（2）将适量的冰块放入调酒杯中；

（3）用量酒器将干味美思、金酒倒入酒杯内；

（4）用调酒匙搅拌 15 次左右即可；

（5）盖上滤冰器，将酒倒入鸡尾酒杯中；

（6）将橄榄放入杯中；

（7）将调制好的鸡尾酒置于杯垫上；

（8）归还材料，清理吧台。

图 9-1　马天尼干

第二节　黑俄罗斯（Black Russian）

材料：1 oz 咖啡力娇酒（Gin）
　　　1½ oz 伏特加（Vodka）

用具：量酒器、调酒匙、调酒杯、滤冰器、冰桶、冰夹

杯具：古典杯

装饰物：柠檬片

调法：

（1）在古典杯中加入冰块，进行冰杯；

（2）将适量的冰块放入调酒杯中；

（3）用量酒器将咖啡力娇、伏特加倒入酒杯内；

（4）用调酒匙搅拌 15 次左右即可；

（5）盖上滤冰器，将酒倒入鸡尾酒杯中；

（6）将调制好的鸡尾酒置于杯垫上；

（7）归还材料，清理吧台。

图 9-2　黑俄罗斯

第三节　生锈钉（Busty Nail）

材料：1 oz 苏格兰威士忌（Scotch whiskey）

　　　3/4 oz 蜂蜜香甜酒

用具：量酒器、调酒匙、调酒杯、滤冰器、冰桶、冰夹

杯具：古典杯

装饰物：柠檬片

调法：

（1）在古典杯中加入冰块，进行冰杯；

（2）将适量的冰块放入调酒杯中；

（3）用量酒器将威士忌、蜂蜜香甜酒倒入酒杯内；

（4）用调酒匙搅拌 15 次左右即可；

（5）盖上滤冰器，将酒倒入鸡尾酒杯中；

图 9-3　生锈钉

（6）将调制好的鸡尾酒置于杯垫上；

（7）归还材料，清理吧台。

第四节　螺丝刀（Screwdriver）

材料：$1\frac{1}{2}$ oz 伏特加（Vodka）

　　　柳橙汁 8 分满（Orange juice）

用具：量酒器、调酒匙、冰桶、冰夹

杯具：古典杯

装饰物：柳橙片

调法：

图 9-4　螺丝刀

（1）将适量的冰块放入古典杯中；

（2）用量酒器将伏特加、柳橙汁倒入酒杯内；

（3）用调酒匙搅拌15次左右即可；

（4）将调制好的鸡尾酒置于杯垫上；

（5）归还材料，清理吧台。

知识链接　鸡尾酒常见配方

表 9-1　鸡尾酒常见配方 3

鸡尾酒名称	图片	材料及用量	调法	杯具
教母		伏特加 1½ oz 杏仁利口酒 1/2 oz	调和法	古典杯
伏特加瑞基		伏特加 1½ oz 鲜酸橙 1 个 苏打水 8 分满	调和法	果汁杯
卡匹洛斯卡		伏特加 1½ oz 鲜酸橙 1 个 砂糖 1~2 茶匙	调和法	古典杯

续表

鸡尾酒名称	图片	材料及用量	调法	杯具
伏特加汤尼		伏特加 1½ oz 柠檬片 1 片 汤尼水 8 分满	调和法	果汁杯
白俄罗斯		伏特加 1½ oz 咖啡力娇酒 1 oz 鲜奶油 1 oz	调和法	威士忌杯
血腥玛丽		伏特加 1½ oz 番茄汁 2/3 oz 柠檬汁 8 分满 半月柠檬片 1 块 芹菜 1 根	调和法	威士忌杯

续表

鸡尾酒名称	图片	材料及用量	调法	杯具
特基拉葡萄柚		龙舌兰 1½ oz 葡萄柚汁 8 分满 绿樱桃 1 个	调和法	果汁杯
勇敢的公牛		龙舌兰 1½ oz 咖啡力娇酒 2/3 oz	调和法	古典杯
教父		威士忌 1½ oz 杏仁利口酒 1/2 oz	调和法	古典杯

续表

鸡尾酒名称	图片	材料及用量	调法	杯具
马颈		白兰地 1½ oz 姜汁汽水 8 分满 柠檬皮 1 个	调和法	柯林斯杯
肯巴利橙汁		肯巴利酒 1½ oz 柳橙汁 8 分满 柳橙片 1 片	调和法	古典杯
脑震荡		波士蜜桃力娇 1/2 oz 西班牙多隆牛奶力娇 1 oz	调和法	子弹杯

鸡尾酒名称	图片	材料及用量	调法	杯具
黑恶魔		百加得 151 1 oz 马天尼白 1/2 oz	调和法	威士忌杯
吸血鬼之吻		盐霜少量 番茄汁 2 oz 伏特加 2 oz 金酒 1/2 oz 马天尼干 1/2 oz	调和法	阔口香槟杯
朗姆酷乐		白朗姆酒 1½ oz 酸橙汁 2/3 oz 红糖水 1 茶匙 苏打水 8 分满	调和法	柯林斯杯

【任务评价】

表 9-2 【任务评价】单

评价项目	具体要求	评价			
		A	B	C	建 议
兑和法调制鸡尾酒	1. 马天尼干 2. 黑俄罗斯 3. 生锈钉 4. 螺丝刀				
学生自我评价	1. 器皿及原材料的准备 2. 调制及服务方法 3. 积极参与 4. 协作意识				
小组活动评价	1. 团队合作良好 2. 互相帮助 3. 对团队工作有贡献 4. 对团队工作满意				
总 计					
我的收获					
我的不足					
改进方法和措施					

第十章　"搅和法"的调制

【工作场景】

当人们来到一家氛围很好的酒吧放松自己时，往往会根据自己当时的心情或者所处的环境来选择一杯适合自己的鸡尾酒。今天，我们就来看看调酒师用搅和法是如何调制鸡尾酒的。

【具体工作任务】

（1）了解搅和法的调制原理和方法；

（2）准备搅和法调制酒品所需器皿和原材料；

（3）掌握搅和法调制鸡尾酒的注意事项；

（4）掌握相关酒品的调制。

第一节　蓝色夏威夷（Blue Hawaii）

材料：1 oz 朗姆酒（Rum）

　　　1/2 oz 蓝柑桂酒（Blue Curacao）

　　　1 oz 凤梨汁（Pineapple juice）

　　　1/2 oz 柠檬汁（Lemon juice）

用具：量酒器、调酒匙、搅拌机、吸管

杯具：果汁杯

装饰物：凤梨块、酒味樱桃、薄荷叶适量

调法：

（1）将适量的冰块放入搅拌机中；

（2）用量酒器将朗姆酒、蓝柑桂酒、凤梨汁、柠檬汁倒入搅拌机内，搅拌均匀即可；

（3）将凤梨块、酒味樱桃、薄荷叶放入杯中装饰；

（4）将调制好的鸡尾酒置于杯垫上；

（5）归还材料，清理吧台。

图 10-1　蓝色夏威夷

第二节　冰冻草莓戴吉利（Frozen Strawberry Daiquiri）

材料：1 oz 朗姆酒（Rum）

1 茶匙白柑桂酒（Gangui white wine）

1/3 oz 酸橙汁（Lime juice）

1 茶匙糖浆（syrup）

2 ~ 3 个鲜草莓（Strawberry）

1 茶杯碎冰（trash ice）

用具：量酒器、调酒匙、搅拌机、吸管

杯具：香槟杯

装饰物：草莓

调法：

（1）将适量的冰块放入搅拌机中；

（2）用量酒器将朗姆酒、蓝柑桂酒、酸橙汁、糖浆、草莓倒入搅拌机内，搅拌均匀即可；

（3）将草莓放入杯中装饰；

（4）将调制好的鸡尾酒置于杯垫上；

（5）归还材料，清理吧台。

图 10-2　冰冻草莓戴吉利

第三节　冰冻戴吉利（Frozen Daiquiri）

材料：$1\frac{1}{2}$ oz 朗姆酒（Rum）

1 茶匙白柑桂酒（Gangui white wine）

1/3 oz 酸橙汁（Lime juice）

1 茶匙糖浆（Syrup）

薄荷叶（Menthaspp）

1 茶杯碎冰（trash ice）

用具：量酒器、调酒匙、搅拌机、吸管

杯具：香槟杯

装饰物：薄荷叶 1 片

调法：

（1）将适量的冰块放入搅拌机中；

（2）用量酒器将朗姆酒、蓝柑桂酒、酸橙汁、糖浆、倒入搅拌机内，搅拌均匀即可；

（3）将薄荷叶放入杯中装饰；

（4）将调制好的鸡尾酒置于杯垫上；

（5）归还材料，清理吧台。

图 10-3　冰冻戴吉利

第四节　冰冻香蕉戴吉利（Frozen Banana Daiquiri）

材料：1 oz 朗姆酒（Rum）
　　　1/3 oz 香蕉利口酒（Banana ligueur）
　　　1/2 oz 柠檬汁（Lemon juice）
　　　1 茶匙糖浆（Syrup）
　　　1/3 个鲜香蕉（Banana）
　　　1 茶杯碎冰（trash ice）

用具：量酒器、调酒匙、搅拌机、吸管

杯具：香槟杯

装饰物：香蕉片

调法：

（1）将适量的冰块放入搅拌机中；

（2）用量酒器将朗姆酒、香蕉利口酒、柠檬汁、糖浆、鲜香蕉倒入搅拌机内，搅拌均匀即可；

（3）将调制好的鸡尾酒置于杯垫上；

（4）归还材料，清理吧台.

图 10-4　冰冻香蕉戴吉利

知识链接　鸡尾酒常见配方

表 10-1　鸡尾酒常见配方 4

鸡尾酒	序号	材料及用量	调法	杯具
冰冻蓝色玛格丽特		龙舌兰 1 oz 蓝柑桂酒 1/2 oz 柠檬汁 1/2 oz 糖浆 1 茶匙 水杯 1 茶杯	搅和法	阔口香槟杯
特基拉日落		龙舌兰 1 oz 柠檬汁 1 oz 红糖水 1 茶匙 碎冰 1 茶杯	搅和法	阔口香槟杯

鸡尾酒	序号	材料及用量	调法	杯具
冰冻玛格丽特		龙舌兰 1 oz 君度 1/2 oz 酸橙汁 1/2 oz 糖浆 1 茶匙 水杯 1 茶杯	搅和法	阔口香槟杯
椰林飘香		白朗姆酒 1½ oz 菠萝汁 2 oz 椰奶 8 分满 菠萝片 1 片	搅和法	果汁杯
冰霜西瓜得其利		白朗姆酒 1 oz 红糖水 1/2 oz 柠檬汁 1/2 oz 西瓜适量 冰块适量	搅和法	鸡尾酒杯
香蕉得其利		白朗姆酒 1 oz 香蕉利口酒 1 oz 鲜香蕉 1/3 根 柠檬汁 1/2 oz 冰块适量	搅和法	鸡尾酒杯

【任务评价】

表 10-2 【任务评价】单

评价项目	具体要求	评价			
		A	B	C	建 议
兑和法调制鸡尾酒	1. 蓝色夏威夷 2. 冰冻草莓戴吉利 3. 冰冻戴吉利 4. 冰冻香蕉戴吉利				
学生自我评价	1. 器皿及原材料的准备 2. 调制及服务方法 3. 积极参与 4. 协作意识				
小组活动评价	1. 团队合作良好 2. 互相帮助 3. 对团队工作有贡献 4. 对团队工作满意				
总 计					
我的收获					
我的不足					
改进方法和措施					

参考文献

[1]　龚威威，陈玉，田雅莉，万辉，等. 调酒技艺[M]. 北京：清华大学出版社，2011.

[2]　YYT 工作室（日）. 鸡尾酒品鉴大全[M]. 卢永妮译. 沈阳：辽宁科学技术出版社，2009.

[3]　陈映群. 调酒艺术技能实训[M]. 北京：机械工业出版社，2007.

[4]　吕海龙. 调酒与服务[M]. 北京：北京师范大学出版社，2012.

[5]　刘雨沧. 调酒技术[M]. 北京：高等教育出版社，2004.

[6]　李继强，王珊珊. 饮料与调酒[M]. 天津：南开大学出版社，2005.

[7]　杨真. 调酒师[M]. 北京：中国劳动社会保障出版社，2001.